KB179464

세상에서 가장 쉬운
베이즈**통계학 입문**

세상에서 가장 쉬운

베이즈통계학 입문

고지마 히로유키 지음
장은정 옮김

지상사

사칙연산만으로 이해하는 베이즈통계학

» 이 책의 특장

0-1 예비지식이 전무한 상태에서도 실제 활용할 수 있는 수준까지 도달할 수 있다

이 책은 '베이즈통계학'이라 불리는 통계 수법의 초(超)입문서다. 여기서 '초'에는 다음과 같은 뜻이 담겨 있다.

- 예비지식이 제로인 상태에서 시작한다.
- 어려운 기호나 계산 없이도 베이즈통계를 사용할 수 있게 된다.
- '말'로만 얼버무리는 것이 아니라 전문가에게 전수받은 수준을 달성한다.

베이즈통계는 많은 사회인이 관심을 가지는 분야다. 그런데 이제까지 나온 입문서를 보면 도입부는 평이한데 중간쯤 가면 갑자기 어려워져서 많은 독자가 좌절을 면하지 못한다. 즉 독자가 베이즈통계의 본질을 감각적으로 이해하지 못한 상태에서 확률 기호가 난무하는 세계에 휩쓸리다 보니 따라가지 못하는 것이다.

이 책에서는 독자 여러분이 그러한 전철을 밟지 않도록 몇 가지 묘안을 냈다. 그 내용에 대해 자세히 알아보자.

베이즈통계는 '베이즈 공식'이라는 확률 공식을 바탕으로 전개된다. '조건부 확률'에 입각하여 확장된 것인데 고등학교 수학 과정에서도 다루지만 이해하기 쉽지 않은 개념이다. 그 이유는 두 가지다. 먼저 공식이 복잡한 형태로 되어 있어 직관적으로 인식하기 어렵다. 그리고 본래 조건부 확률이 어떤 의미에서 '수상쩍은' 개념이라 신중하게 근본적인 것을 따져보는 사람이라면 '뭔가 이상한 느낌이 든다'는 의문을 가지게 된다.

그런데 실제로 이 두 가지 사항은 베이즈통계에서 가장 중요하다. 그 **'수상쩍음'이 바로 베이즈통계의 본질이자 편의성으로 이어지기 때문이다.** 뒤에서 상세히 해설하겠지만 그 '수상쩍은' 면이 비판의 대상이 되어 베이즈통계는 20세기 초두에 통계학계에서 한 차례 매장된다. 그러나 베이즈통계의 '수상쩍음'과 '편의성'은 동전 앞뒷면과 같은 관계로, '수상쩍기 때문에 편리하게 사용'할 수 있다. 그 '편의성' 쪽에 주목한 학자들에 의해 베이즈통계는 20세기 후반에 복권된다. 그리고 21세기 현재 베이즈통계는 통계학의 주류파로 등극했다.

그래서 이 책에서는 위 두 가지 사항을 고려하여 다음과 같은 아이디어를 냈다.

'베이즈 공식'은 극히 일부만을 제외하고 나머지는 겉으로
드러내지 않는 방침을 고수했다

대신 **'면적도로 풀이'**하는 방식을 채택했다. **도해 방식은 베이즈 공식과 본질적으로 같은 역할을 하면서도 많은 독자들이 직관에 호소하여 이해할 수 있게 도와준다.** 나아가 '면적도'를 이용하여 '베이즈 공식'의 어디가 어떻게 수상쩍은가, 어떤 점이 편의성을 높이는 가 등을 명확히 밝히고자 한다.

계산은 산수 수준에서 해결한다

즉 **모든 계산은 사칙연산만으로 이루어진다.** 루트나 문자식 계산조차 필요치 않다. 사칙연산마저도 손 계산이 서툴다면 계산기를 사용하여 힘들이지 않고 실행할 수 있다.

물론 이 책에도 맨 뒤쪽에 가면 '베타분포'나 '정규분포'와 같은 고도의 개념이 등장한다. 여기까지 도달하지 않으면 '전수받았다'고 말할 수 없으니 도리가 없다. 이러한 개념에 대해서 완벽하게 해설하려 들면 대학교육 수준의 미적분을 써야 한다. 이는 대다수 독자가 상당히 큰 부담으로 느낄 것이다. 그래서 이 책에서는 그러한 부분을 '간략'하게만 다루었다.

즉, 사칙연산만으로 풀이가 가능한 정해진 공식을 제시하는 쪽으로 방침을 세웠다. 이것도 이 책에서 고민한 부분 중 하나다. 그러한 의미에서 이 책은 '자족적(self-contained)'이라고 할 수는 없다. 그러나 그

러한 '완벽한 이해'를 추구하는 사람도 이 책을 읽고 나서 전문서에 도전하는 편이 좋은 방향이 될 것이다. 이 책에서는 오히려 고도의 수학을 배제함으로써 '베이즈통계의 배경에 있는 본질'이 부각되어 드러나 있기 때문이다.

0-3 빌 게이츠도 주목했다! 비즈니스에 사용할 수 있는 베이즈통계

베이즈통계는 인터넷의 보급과 맞물려 비즈니스에 활용되고 있다. 인터넷에서는 고객의 구매 행동이나 검색 행동 이력이 자동으로 수집되는데, 그로부터 고객의 '타입'을 추정하려면 전통적인 통계학보다 베이즈통계를 활용하는 편이 압도적으로 뛰어나기 때문이다.

현재 **많은 인터넷 계열 기업이 실제로 베이즈통계를 이용하고 있다.** 그중에서도 마이크로소프트는 일찍부터 베이즈통계를 비즈니스에 이용한 것으로 유명하다. 윈도우즈 OS의 도움말 기능에도 베이즈통계가 도입되었으며 웹상에서 사용자가 가령 '아이의 병 증상'이라고 검색했을 때 유망한 지침이 우선적으로 노출되는 소프트웨어 등도 개발했다. 마이크로소프트의 전 대표 빌 게이츠 씨는 1996년에 신문을 통해, 자사가 경쟁상 우위에 있는 까닭이 베이즈통계로 인한 것임을 공표했다. 또 2001년의 기조강연에서도 21세기 마이크로소프트의 전략은 베이즈통계이며 이미 전 세계의 베이즈통계 연구자를 다수 확보했음을 공언한 일화도 유명하다.

한편 구글도 자사 검색엔진의 자동번역 시스템에 베이즈통계의 기술을 활용한 것으로 알려져 있다.

물론 베이즈통계의 기술은 IT기업 이외에도 다양한 분야에서 응용되고 있다. 예컨대 팩시밀리에서는 전송된 이미지의 노이즈를 수정하여 원 이미지에 가깝게 만드는 데, 베이즈통계를 사용하고 있다. 또 의료분야에서도 '자동진단시스템' 등에 베이즈통계를 활용하고 있다.

이 책을 읽어 나가면서 알게 되겠지만, **베이즈통계의 강점은 '데이터가 적어도 추측할 수 있으며, 데이터가 많을수록 정확해진다'는 성질과 '들어오는 정보에 실시간으로 반응하여 자동적으로 추측을 업데이트 한다'는 학습 기능에 있다.** 이를 통해 누구나가 베이즈통계가 첨단 비즈니스에 최적임을 수긍할 것이다.

따라서 **금세기 비즈니스에 종사하는 사람은 베이즈통계에 통달하면 최강**이 될 것이다. 이 책은 비즈니스맨이 실전에서 활용하는 데, 도움이 될 만한 사례와 해설을 싣고자 노력했다.

0-4 베이즈통계는 인간의 심리에 의존한다

'베이즈통계에는 수상쩍은 측면이 있다'는 말을 0-2절에서 언급했다. 무슨 뜻일까? 다시 말해 그것은 **베이즈통계가 다루는 확률이 '주관적'**임을 뜻한다. 즉 베이즈통계로 나오는 확률은 객관적인 수치가 아니라 '인간의 심리'에 의존한 주관적인 수치임을 뜻한다. 그런 의미에서 베이즈통계는 '사상적'인 면을 갖추고 있다. 그렇기 때문에 베이즈통계는 객관성을 중시하는 과학계로부터 '가짜'라는 낙인이 찍혀 한때 매장되었던 것이다.

대다수 베이즈통계 책에는 유감스럽게도 이러한 내용이 나오지 않는다. 그 까닭이 '공공연하게 알려지는 것'을 저자들이 싫어해서인지, 아니면 그들이 단순히 지식이 없어서인지는 알 수 없지만, 여하간 **이에 대해 적나라하게 해설하고 있는 책은 흔치 않다.** 하지만 이 베이즈통계의 '주관성', '사상성'은 베이즈통계의 본질이자 편의성의 원천이다. 그래서 이를 외면한 채 해설을 한다면 베이즈통계의 본질은 결코 독자에게 전달되지 못할 것이다.

그래서 이 책에서는 베이즈통계의 '주관성', '사상성'을 숨김없이 백일하에 드러내어 해설을 진행해 나가기로 했다. 특히 표준 통계학과 어떤 점이 어떻게 다른가에 대해 정성껏 해설했다. 분명 많은 독자가 '베이즈통계, 대단한데? 흥미롭군!' 하고 박수쳐 주리라는 기대를 가지면서 말이다.

0-5 빈칸 채우기 형식의 간단한 연습문제는 독학에 최적이다

이 책에서도 전작 《세상에서 가장 쉬운 통계학 입문》의 구성을 따라, 상세하게 설명한 뒤, 각 강의 끝에 간단한 빈칸 채우기식 연습문제를 실었다. 수학적인 기술을 습득하려면 스스로 풀 수 있는 쉬운 예제를 풀어보는 것이 제일이다. 수록된 문제는 응용문제가 아니라 강의한 내용을 확인하는 수준의 문제이니 반드시 이를 이용해서 이해를 다지기 바란다.

책을 끝까지 다 읽고 난 당신은 분명 이렇게 생각할 것이다.

'이상하네, 등산 트레이닝을 받지도 않았는데 어느새 산 정상에 올라 있다니!'

그렇다면 이제 산 정상을 향해 출발해 보기로 하자.

목차

제 **2** 부 완전독학!
'확률론'에서
'정규분포에 따른 추정'까지

제**1**부

속성!
베이즈통계학의
에센스를 이해한다

제1부에서는 '베이즈통계학에 따른 추정이 어떠한 사고에 의해 성립되었으며 어떤 성질을 지니고 있는가'에 대해 해설한다. '매장을 찾은 손님은 물건을 사려는 사람인가 눈요기만 하려는 사람인가', '초콜릿에 주는 사람의 진심이 담겨 있는가 단순한 호의인가' 등 우리 주위에서 볼 수 있는 예를 풍부히 실었으니 베이즈 추정에 대해 접근하기 쉬울 것이다. 또한 '축차합리성'과 같은 성질이나 '네이만-피어슨 통계학'과의 차이에 대해서도 짚어볼 예정이다. 따라서 베이즈통계학의 특징을 아주 심도 있는 수준에서 파악할 수 있을 것이다.

정보를 얻으면 확률이 바뀐다

» '베이즈 추정'의 기본적인 사용 방법

1-1 베이즈 추정으로 '쇼핑족'과 '아이쇼핑족'을 판별한다

이 강의에서는 베이즈 추정의 전형적인 사용법을 소개한다. 이를 위해서는 비즈니스의 예를 살펴보는 것이 제일이다.

상품 판매점 점원이 가장 신경 쓰는 부분은 **'이 손님이 쇼핑족인가 아니면 아이쇼핑족인가'**를 판별하는 일일 것이다. 사러 온 손님이라면 상품을 살피기보다 가능한 단시간에 자신의 요구에 가장 부합하는 상품을 찾으려 한다. 한편 지금은 살 계획이 없지만 언젠가 살 때 참고하기 위해 매장을 둘러보는 눈요기족도 있다. 점원은 전자인 손님에게는 그 사람이 가장 원하는 상품을 정확히 소개하여 실제로 구매가 이루어지도록 해야 한다. 하지만 눈요기하러 온 손님에게는 시간을 들여 설명한다고 해도 구매로 이어지지 않을뿐더러 손님 입장에서도 번거롭다고 느끼므로 역효과다.

따라서 손님의 행동을 보고 그 손님의 속내를 간파하는 것은 점원에게 꼭 필요한 중요한 기술이다. 물론 직감적으로 손님의 '타입'을 꿰뚫어볼 줄 아는 점원도 많다. 그것이 바로 점원의 테크닉이다. 그러나 그

‘직감적인 판단’을 수치화하여 계산할 수 있게 만드는 것은 분명히 의의 있는 일이다. 왜냐하면 매뉴얼화하여 신입사원의 교육에도 활용할 수 있고, 인터넷상에서 자동적으로 판단을 하는 AI(인공지능)처럼 사용할 수도 있기 때문이다.

그렇다면 이와 같은 점원의 판단을 수치화하는 것에 도전해 보자. 이를 위해서는 베이즈통계학이 제격이다. 거꾸로 이 예를 살펴보면 베이즈통계란 무엇인가가 상당히 명료하게 다가올 것이다. 절별로 단계를 나누어 살펴보기로 하자.

1-2 [1단계] 경험에서 ‘사전확률’을 설정한다

눈앞에 손님이 있는 상황을 가정해 보자. 당신이 추측하려는 것은 그 손님이 ‘쇼핑족’인가 ‘아이쇼핑족’인가다. 그에 대한 판단이 서야 대응 방법을 결정할 수 있다.

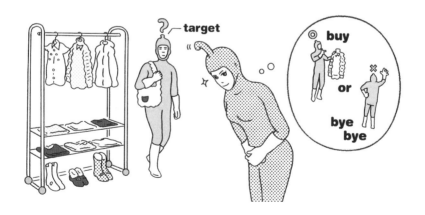

추측을 위해 가장 먼저 해야 할 일은 손님의 두 가지 ‘타입’– ‘쇼핑족’과 ‘아이

쇼핑족'-에 대해 그 비율이 각각 몇인지 수치를 배정하는 것이다. 즉 눈앞의 손님이 그 둘 중 하나라는 것을 전제로, 전자일 확률이 몇이고 후자일 확률이 몇이라고 그 가능성을 수치로 배분해 본다.

이 '타입에 대한 확률(비율)'을 베이즈통계학의 용어로 '사전확률'이라고 말한다. '사전'이란 '어떤 정보가 들어오기 전'을 뜻하는 말이다. 이때 '정보'란, 가령 손님이 '말을 거는 행동을 했다'와 같은 **추가적인 상황을 뜻한다**. '말을 걸었다'는 정보에 의해 당신은 '손님의 타입'에 대해 **추측을 개정**'하는데, '사전확률'이라는 것은 '말을 건다, 걸지 않는다'는 행동의 관측이 이루어지기 전의 상태를 말한다.

'사전확률'은 보통 경험에 근거해 할당한다. 경험이 없는 경우도 할당은 가능한데 이에 관해서는 제3강에서 살펴볼 예정이다. 여기서는 경험으로부터 수치를 얻을 수 있다는 가정에서 풀이해 보자.

당신은 경험에 의해 손님 중 '쇼핑족'의 비율이 다섯 명 중 한 명, 즉 전체의 20%(0.2)임을 알고 있다고 치자. 당연히 '아이쇼핑족'의 비율은 나머지 80%(0.8)가 된다. 이것이 두 타입에 대한 사전확률이다.

이를 바탕으로 당신은 눈앞의 손님에 대해, 그 사람의 행동을 관측하기 이전 시점에서는 '쇼핑족 확률은 0.2, 아이쇼핑족일 확률은 0.8'이라는 수치를 할당한다. 이것을 '타입에 대한 사전분포'라 부른다. 이 사전분포를 그림으로 나타내면 **도표 1-1**과 같다.

큰 직사각형을 2개의 직사각형으로 분할하는데, 면적의 비율이 각각 0.2와 0.8이 되도록 분할하는 것이 요령이다. 이 책을 통해 점차 명확히 알아가겠지만, **'면적'이 바로 베이즈 확률을 다루는 데 중요한 역할을**

하기 때문이다.

그림으로 나타내는 방법은 이 책만의 독자적인 방법이다. 이 그림을 머릿속에 각인해 두면 베이즈통계학 수법의 뇌내(腦內) 이미지를 만드는 데 매우 도움이 된다.

이 그림을 '**둘로 분기된 세계**'라고 보자. 즉 자신이 조우한 세계가 A와 B 중 어느 한쪽임은 확실한데 어느 쪽에 해당하는지는 모른다. A세계에 속한 손님은 '쇼핑족'이며, B세계에 속한 손님은 '아이쇼핑족'이라는 인상을 만들어 두는 것이다. 철학에서는 이러한 관점을 '**가능세계(可能世界)**'라 부른다. 가능세계의 관점은 논리적 추론이나 확률적 추론을 하는 경우 생각을 정리하기 쉽게 도와준다.

여기서 면적을 0.1과 0.4로 하거나 2와 8로 해도 비율이 1 : 4가 되기는 마찬가지다. 그런데 왜 굳이 0.2와 0.8을 썼을까? 이는 어떤 한 가지 사건에 복수의 가능성이 있는데 그것을 확률의 수치로 평가하는 경우 '**확률은 전부 더해서 1이 되도록 설정한다**'는 수학의 약속에 근거한 것이다.

이것을 **'정규화 조건'**이라 한다.

1-3 [2단계] 타입별로 '말거는' 행동을 하는 '조건부 확률'을 설정한다

다음 단계로 '쇼핑족'에 속하는 손님과 '아이쇼핑족'에 속하는 손님이 각기 어느 정도의 확률로 점원에게 '말 걸기' 행동을 하는가를 설정한다. 이것도 경험에 의거한 데이터 없이는 설정할 방도가 없다. 앞에서 사전확률은 '경험이 없어도 할당할 수 있다'고 이야기했다. 하지만이 '타입의 차이에 의거한 행동의 확률'은 어떠한 경험, 실증, 실험에 기반을 수치가 반드시 필요하다.

이하에서 사용하는 수치는 계산이 간단해지도록 임의로 설정했음을 미리 밝혀둔다. 여기서는 **도표 1-2**와 같이 설정하였다.

도표 1-2 행동에 대한 조건부 확률

타입	말을 걸 확률	말을 걸지 않을 확률	
쇼핑족	0.9	0.1	→1
아이쇼핑족	0.3	0.7	→1
	↓ 1.2	↓ 0.8	

이 표를 통해 두 타입 중 '눈앞의 손님이 "쇼핑족"이라면 그 사람은 0.9의 확률로 점원에게 말을 건다', '눈앞의 손님이 "아이쇼핑족"이라면 그 사람은 0.3의 확률로 점원에게 말을 건다'는 해석을 할 수 있다.

그런데 여기서 한 가지 주의할 점이 있다. 표를 가로 방향으로 보면 정규화 조건이 충족된다. 실제로 0.9 + 0.1 = 1과 0.3 + 0.7 = 1이 된다. 한편 세로 방향으로 보면 정규화 조건은 성립되지 않는다. 즉 확률

0.9와 0.3을 더해도 1이 나오지 않는다. 이는 당연한 결과다. 표의 가로 방향은 특정 타입의 손님에 대해 일어날 수 있는 두 가지 귀결을 나타내고 있다. 상단은 '쇼핑족' 타입에 속하는 사람이 '말을 건다·걸지 않는다'라는 어느 한쪽으로 정해지는 확률적인 행동을 나타내고 있다. 그러나 세로 방향은 다르다. 0.9는 '쇼핑족' 타입이 '말을 거는' 행동을 할 확률이다. 즉 각기 다른 타입의 사람에 대한 행동을 나타내고 있는 것이지 행동 전체를 아우르는 확률적 사건이 아니므로 더해도 1이 될 필연성은 없다.

이 표에 제시된 확률은 고교 수학에서 배우는 **'조건부 확률'**이다. 알기 쉽게 말하면 **'타입을 한정한 경우 각 행동의 확률'**이라는 뜻이다. 타입을 행동의 '원인'으로 생각한다면, **'원인을 알고 있을 때의 결과의 확률'**이라는 것이 가능하다(조건부 확률을 기호로 어떻게 표현하는가에 대해서는 제15강에서 해설한다).

그러면 두 가지 타입의 손님은 '말 걸기', '말 걸지 않기'라는 두 가지 행동을 확률적으로 취하게 될 것이므로, 앞에서 두 개로 분기한 세계, 그것을 다시 각각 두 개씩 분할한다. 즉 '쇼핑족이 말을 건다', '아이쇼핑족이 말을 건다', '쇼핑족이 말을 걸지 않는다', '아이쇼핑족이 말을 걸지 않는다'의 네 가지 세계로 분기된다. 이것을 그림으로 나타내 보자(**도표 1-3**).

가능한 4가지 세계는 손님이 '쇼핑족'이며 '말을 거는' 세계(좌측상단구역), '쇼핑족'이며 '말을 걸지 않는' 세계(좌측하단구역), '아이쇼핑족'

도표 1-3　네 개로 분기된 세계

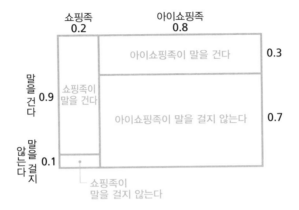

으로 '말을 거는' 세계(우측상단구역), '아이쇼핑족'으로 '말을 걸지 않는' 세계(우측하단구역)다. 확률의 계산에 대해서는 제10강에서 자세히 다룰 예정이다. 여기서는 **각 구역에서 나타나는 사항의 확률이 각 직사각형의 면적과 같다**는 정도만 알아두자. 면적은 곱셈을 이용해 **도표 1-4**와 같이 구할 수 있다.

도표 1-4　네 개로 분기한 세계 각각의 확률

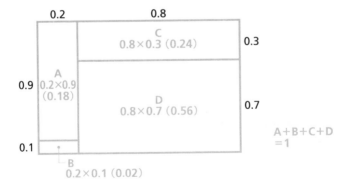

참고로 이 네 가지 세계(모든 가능세계)의 확률을 더하면 1이 된다는 사실을 알아두자. 실제로 계산해 보면 다음과 같이 1이 나온다.

$0.2 \times 0.9 = 0.18,\ \ 0.2 \times 0.1 = 0.02,$

$0.8 \times 0.3 = 0.24,\ \ 0.8 \times 0.7 = 0.56$

$(0.18 + 0.02) + (0.24 + 0.56) = 0.2 + 0.8 = 1$

1-4 [3단계] 관측한 행동에서 '가능성이 사라진 세계'를 제거한다

그러면 한 걸음 더 나아가 추정해보자.

당신은 지금 '손님이 말을 걸었다'는 현실에 직면해 있다. 즉 당신은 **손님의 행동을 한 가지 관측**한 셈이다. 이것은 당신이 속해 있는 가능세계에 대한 **추가적인 정보를 준다.**

그것은 "'말을 걸지 않는다'는 세계가 사라졌다"는 정보이다. 앞에서 설명한 대로 타입이 '쇼핑족', '아이쇼핑족'의 두 가지이고, 행동이 '말을 건다', '말을 걸지 않는다'의 두 가지로 나뉘는 경우, 네 가지 가능세계가 존재한다. 그러나 당신의 현실 세계에서는 '말을 건다'가 관측되었기 때문에 '말을 걸지 않는다'는 세계는 사라지는 셈이다. 이것은 가능세계가 한정되었음을 의미한다. 이에 대해 도형에 반영해보자 (**도표1-5**).

가능한 세계가 둘로 줄어듦으로써, 새로운 추측값을 얻을 수 있게 된다.

가능성의 일부가 사라지고 나머지 일부로 현실이 한정된다면 무슨

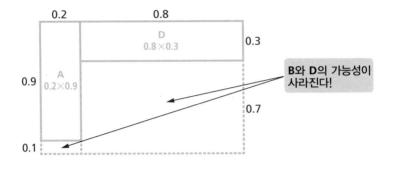

일이 일어날까? 추측 속에서 '확률의 변화'가 생긴다. 간단한 예를 통해 알아보기로 하자.

지금, 당신의 눈앞에서 누군가가 52장의 트럼프를 잘 섞어서 뒤집어 놓고 '맨 위에 있는 카드는 무슨 모양일까?' 하고 물었다고 하자. 당신이 '스페이드라고 생각해요'라고 답했을 때, 이 추정이 올바를 확률은 얼마일까? 당연히 $\frac{1}{4}$이다. 네 가지 모양이 모두 대등하게 나올 수 있기 때문이다.

그러나 여기서 상대가 당신이 보지 못하게 맨 위 카드를 슬쩍 본 뒤 '사실 맨 위의 카드는 검정색 무늬입니다'라고 가르쳐 준다면 어떻게 될까? 당신의 추측으로부터 카드가 빨간 무늬일 가능성이 소멸되는 셈이므로, 당연히 당신의 추측도 달라질 것이다. 즉 스페이드나 클로버일 가능성만 남으므로 '스페이드'라고 생각한 당신의 추측이 맞을 확률은 응당 $\frac{1}{2}$이 될 것이다.

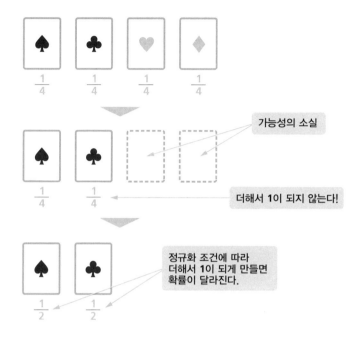

이것을 그림으로 나타내면, **도표 1-6**과 같다.

맨 처음 네 가지 무늬의 확률을 더했을 때는 1이다. 그러나 빨간 무늬일 가능성이 사라짐으로써 스페이드일 확률과 클로버일 확률의 합은 1이 되지 않는다. 따라서 비례관계를 유지한 채 정규화 조건을 회복(더해서 1이 되도록 만든다)시킴으로써, 스페이드일 확률은 $\frac{1}{2}$로 바뀌게 된다.

1-5 [4단계] '쇼핑족'의 '베이즈 역확률'을 구한다

앞에서는 '말을 건다'는 행동을 관측하였기에 가능세계는 두 개로 한정되었다. 즉 눈앞의 손님은 '쇼핑족&말 걸기' 세계 혹은 '아이쇼핑족&말 걸기' 세계 중 하나에 속하게 된다. 그리고 그 가능성을 나타내는 수치(확률)는 **도표 1-7** 속에 주어져 있다.

도표 1-7 '말을 걸지 않는' 세계의 소멸

행동의 관측에 따라 가능성이 두 가지로 좁혀졌기 때문에 각각의 확률(직사각형의 면적)을 더해도 1이 되지 않는다. 따라서 앞의 트럼프 예에서 설명했듯이, 비례관계를 유지한 채 정규화 조건을 회복시켜 확률을 다시 구해보자. 그 구체적인 계산 방법은 다음과 같다.

(왼쪽 직사각형의 면적) : (오른쪽 직사각형의 면적)
= 0.18 : 0.24 = 3 : 4

이렇게 비를 간략화한 뒤, 합계 3 + 4 = 7로 나누어 계산하면 '더해서 1'이 되는 수치가 나온다. 즉,

(왼쪽 직사각형의 면적) : (오른쪽 직사각형의 면적) = 3 : 4 = $\frac{3}{7}$: $\frac{4}{7}$

그림으로 나타내면 **도표 1-8**과 같이 된다.

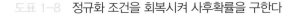

도표 1-8   정규화 조건을 회복시켜 사후확률을 구한다

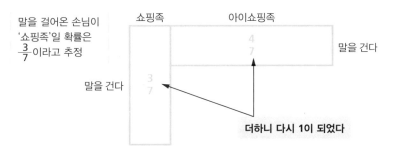

이 표에서, 말을 걸어온 손님이 '쇼핑족'일 확률은 $\frac{3}{7}$이라고 추정할 수 있다. 이 확률을 **'베이즈 역확률'** 또는 **'사후확률'**이라 부른다.

이 '역확률'이라는 말에서 '역'의 의미를 간략히 알아보자(더 자세한 설명은 이어지는 강의를 통해 차차 해 나가기로 하자).

'역'이라는 단어의 의미는 분기된 세계를 나타내는 그림에 대해, 이제까지와는 반대로 생각한다는 뜻이다. 앞 절까지는 손님의 타입이 두 종류이며 각기 타입이 '말을 건다', '말을 걸지 않는다'의 두 가지 행동을 확률적으로 선택한다고 해석해 왔다. 즉 그림을 세로 방향으로 보면서 타입이라는 '원인'으로부터 행동이라는 '결과'가 일어난다고 파악한 것이다. 그런데 여기서는 그림을 가로 방향으로 보고 있다. **즉 '말을 건' 사람이 '쇼핑족'과 '아이쇼핑족'의 타입 중 하나의 타입을 확률적으로 선택한다**고 해석할 수 있다. 이것은 '말을 건다'는 행동의 '결과'로부터 타입이라는 '원인'으로 거슬러 올라간다. 이 '결과→원인'이 바로 '역확률'의 '역'이 뜻하는 바다.

지금까지 설명한 사후확률 구하는 방법을 도식으로 정리한 것이 **도표 1-9**이다.

도표 1-9 손님의 타입에 대한 베이즈 추정의 프로세스

1 타입에 대한 사전확률의 설정	쇼핑족과 아이쇼핑족이 있다
2 각 타입의 행동에 대한 조건부 확률의 설정	각각 말을 걸 확률은?
3 행동의 관측	말을 걸어왔다
4 일어나지 않을 가능성의 소거	'말을 걸지 않는다'를 지운다
5 타인에 대한 확률의 정규화	더해서 1이 되도록 만든다
6 사후확률(베이즈 역확률)	말을 거는 손님이 살 확률이 달라졌다

그렇다면 이렇게 구한 사후확률을 통해 과연 무엇을 알 수 있을까? 그림의 맨 처음과 한가운데와 맨 마지막만을 빼내어 수치를 넣어보면 명확히 드러난다(**도표 1-10**).

이 도식을 보면 알 수 있듯이, 눈앞에 있는 손님이 '쇼핑족' 타입일 확률은 아무것도 관측하지 않았을 때는 0.2(사전확률)다. 하지만 '말 걸기'를 관찰한 뒤에는 그 정보로 인해 수치가 갱신되어 약 0.43(사후확률)이 된다. 즉 '쇼핑족'이라고 완전히 확신할 수는 없지만 **그 가능성은 두 배 높아진다**는 점을 알 수 있다. 이것을 **'베이즈 갱신'**이라고 부른다. '갱신'을 우리가 흔히 쓰는 말로 바꾸면 '업데이트'다.

이상의 프로세스를 이 책에서는 '베이즈 추정'이라 부르기로 한다. 베이즈 추정이란 **'사전확률을 행동의 관찰(정보)에 의거해 사후확률로 베이즈 갱신하는 것'**이라고 정리할 수 있다. 이 책에서는 개별 사례에서의 추정은 '베이즈 추정'이라 부르고, 그러한 추정방법 전체를 한데 묶어 '베이즈통계학'이라 부른다.

① 각 타입 '쇼핑족'과 '아이쇼핑족'의 확률을 설정한다(사전확률).

② '쇼핑족' 타입이 '말을 건다', '말을 걸지 않는다'는 행동을 얼마만큼의 확률로 취하는가, '아이쇼핑족' 타입이 '말을 건다', '말을 걸지 않는다'는 행동을 얼마만큼의 확률로 취하는가를 설정한다(조건부 확률). 이때 경험이나 데이터가 필요하다.

③ '말을 건다'는 행동이 관측되었기 때문에 '말을 걸지 않는다'가 속한 세계를 소거한다.

④ '쇼핑족&말을 건다'의 확률과 '아이쇼핑족&말을 건다'의 확률 그룹이 정규화 조건을 충족하도록 한다. 즉 비례 관계를 유지하여 더해서 1이 되도록 만든다.

⑤ 정규화 조건을 회복한 타입 '쇼핑족'의 확률이, '말을 거는' 행동이 관찰된 타입 '쇼핑족'의 사후확률이 된다.

⑥ 사전확률이 행동을 관찰함으로써 사후확률로 갱신된다. 이것을 베이즈 갱신이라 한다.

첫 문제이므로 앞에서 다룬 것과 똑같은 설정에 수치만 바꾸어 연습해보자.

사전확률의 설정

손님 가운데 타입 '쇼핑족'의 비율이 전체의 40%(0.4), 타입 '아이쇼핑족'의 비율은 전체의 60%(0.6)이다.

정보에 관한 조건부 확률의 설정

각 타입의 '말을 건다', '말을 걸지 않는다'는 조건부 확률은 다음의 표로 주어진다.

타입	말을 걸 확률	말을 걸지 않을 확률
쇼핑족	0.8	0.2
아이쇼핑족	0.1	0.9

'말 걸기'가 관측되었을 때의 '쇼핑족'의 사후확률을 다음의 순서대로 구하시오.

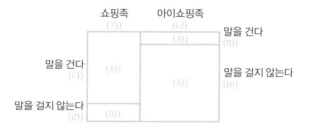

타입에 대한 사전확률에서, (가) = ( ), (나) = ( )이 되면,

정보에 대한 조건부 확률에서, (다) = ( ), (라) = ( )
(마) = ( ), (바) = ( )

분기된 네 가지 세계의 확률은 (사) = ( ) × ( ) = ( )
(아) = ( ) × ( ) = ( )
(자) = ( ) × ( ) = ( )
(차) = ( ) × ( ) = ( )

'말 걸기'가 관측된 두 세계에 정규화 조건을 복구하면
(사) : (자) = ( ) : ( ) = ( ) : ( )

더해서 1이 된다

'말 걸기'가 관측된 이후 '쇼핑족'의 사후확률 = ( )

베이즈 추정은
때로 직감에 크게 반한다❶

» 객관적인 데이터를 사용할 때 주의할 점

2-1 암에 걸려 있을 확률을 계산한다

이번 강의에서는 객관적인 데이터를 얻기 쉬운 사례에 대한 베이즈 추정을 설명하고자 한다. **객관적인 데이터를 이용해 생각하기 때문에 거꾸로 오해에 빠지기 쉬움을 이해하는 것이 배워야 할 포인트다.** 여기에 확률의 불가사의한 면이 있다.

의료 검진의 예를 통해 살펴보자.

현대는 의료 기술이 발달하여 많은 병에 대한 통계 데이터를 얻을 수 있다. 또 자각 증상이 나타나기 전에 병을 발견하는 기술도 진척되고 있다. 문제는 검사에 따라 얻은 'X라는 병이다/아니다'라는 결과가 옳은지를 어떻게 판단해야 할지다.

예컨대 '특정 암에 걸려 있다면 95%의 확률로 양성이 나오는 검사'를 받은 결과 양성 판정이 나왔다고 하자. 이때 당신은 자신이 그 암에 걸려 있을 확률이 95%라고 판단해야 할까?

정답은 '아니오'다.

만일 정말로 '자신이 암에 걸려 있을 확률이 95%'라면, 당신은 이 결과에 상당히 비관적일 것이다. 실제로 그렇게 착각하는 사람이 많으리라 본다. 하지만 사실 '양성'이라는 결과로부터 '당신이 암일 확률'을 추정해 보면 수치가 그렇게 높지 않다.

이 추정은 양성이라는 '결과'로부터 '암이다'라는 '원인'으로 거슬러 올라가는 추정이므로, 베이즈 추정의 전형적인 예라 할 수 있다.

이번 강의에서는 먼저 문제설정을 해보기로 하자. 이하는 실제 데이터가 아니라 손쉬운 계산을 위해 설정한 가공의 수치다.

> † 문 제 설 정
>
> 어느 특정 암에 걸릴 확률을 0.1%(0.001)이라고 하자. 이 암에 걸렸는지를 진단하는 간이검사가 있는데, 이 암에 걸려 있는 사람은 95%(0.95)의 확률로 양성 진단을 받는다고 한다. 한편 건강한 사람이 양성으로 오진을 받을 확률은 2%(0.02)이다. 그렇다면 이 검사에서 양성이라고 진단받았을 때 당신이 이 암에 걸려 있을 확률은 얼마나 될까?

2-2 의료데이터를 근거로 '사전확률'을 설정한다

추정의 순서는 제1강에서 행한 것과 완전히 똑같다. 하지만 예가 달라서 다른 인상을 줄 수 있음을 고려하여 제1장과 마찬가지로 그 과정을 차근차근 살펴보자.

이 예의 특수성은 사전확률을 객관적인 역학 데이터를 통해 얻을 수 있다는 점에 있다. **사전확률**이란, 제1강에서 설명한 대로 **각 타입에 대한 정보를 얻기 전의 존재확률**이다. 이 경우도 타입이 두 가지다. 하나는 '암에 걸려 있는 사람', 또 하나는 '건강한 사람'이다.

문제설정에 나온 대로 이 암의 이환율은 0.001이다. 1000명 중 1명이 이 암에 걸려 있다는 것이 역학적으로 밝혀져 있다는 뜻이다. 따라서 당신은 자신이 이 암에 걸려 있는가를 **도표 2-1**과 같이 검사 전에 추정할 수 있다.

도표 2-1 암의 이환율에 따른 사전분포

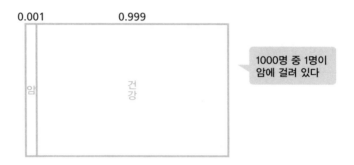

다시 한 번 설명하자면, 이 그림은 간이 검사를 받기 전에 당신이 암인가 아닌가의 가능성을 나타내고 있다. 당신이 있는 세계는 두 개의 가능세계로 나뉘어 있다. 좌측의 세계는 '당신이 암에 걸려 있다'는 가능세계, 우측은 '당신이 건강하다'는 가능세계를 나타낸다. 몸속의 상황이라 알 길이 없어서 당신은 둘 중 하나의 가능세계에 속해 있음을 추측할 뿐이다. 즉 **세계가 둘로 나뉘어 있다**는 뜻이다.

그런데 당신이 어느 쪽 가능세계에 속해 있는가를 추측할 근거가 전혀 없느냐 하면 그렇지 않다. 이 암의 이환율이 0.001, 즉 1000명에 1명이라는 역학 데이터를 당신이 암에 걸렸을 가능성을 판단하는 데 참고할 수 있다. 소박하게 이용한다면, 당신이 이 암에 걸렸을 확률은 이환율 0.001이라고 추정할 수 있다. 즉 **당신은 두 가지 가능세계 중 어느 한**

쪽에 속하는데, 아무런 개인적인 정보가 없는 현재로서는 좌측의 세계에 속할 확률이 0.001, 우측의 세계에 속할 확률이 0.999로 추측된다.

2-3 검사의 정밀도를 근거로 '조건부 확률'을 설정한다

다음 단계에서는 타입별로 특정한 정보를 초래하는 **조건부 확률을 설정해야 한다. 이번에는 검사 결과로서의 '양성', '음성'이 바로 '정보'에 해당**된다. 이 프로세스에 객관적인 데이터가 필요하다는 것은 제1강에서 설명한 대로다. 이번 예에서는 간이 검사에 대한 객관적인 치료데이터를 이용하도록 한다. **(도표 2-2)**

도표 2-2 검사 정밀도에 따른 조건부 확률

타입	양성일 확률	음성일 확률
암에 걸린 환자	0.95	0.05
건강한 사람	0.02	0.98

이 표는 가로방향으로 읽기 바란다. 상단의 '암에 걸린 환자'의 경우, 검사에서 양성이 나올 확률은 0.95이다. 즉 95%의 정확도(감도)로 암을 검출한다. 당연히 오진할 확률은 1 − 0.95 = 0.05가 된다. 이는 100명이 검사를 하면 그중 5명이 실제로 암임에도 음성으로 진단받을 수 있음을 나타낸다.

하단의 '건강한 사람'의 경우, 잘못해서 양성이 나올 확률은 2%이다. 따라서 올바르게 음성이라 진단받을 확률은 1 − 0.02 = 0.98이다.

이 표에서는 간이 검사가 완벽하지 않으며 오진의 위험이 있다는 점을 알아두어야 한다. 오진의 위험이란 '암임에도 암이 아니라고 진단'하는 경우와 '암이 아님에도 암이라고 진단'하는 경우를 말한다.

이 확률은 전 항에서 기술한 대로 타입을 한정한 경우에 각 검사 결과의 조건부 확률이다. 타입을 검사 결과의 '원인'으로 잡는다면, '원인(암인가 건강한가)을 알고 있을 때의 결과(양성인가 음성인가)의 확률'이라고 볼 수 있다.

앞에서 2개로 분기된 세계는 정보에 따라 다시 각각 2개로 나뉘었다. 그림을 통해서 살펴보자.

도표 2-3과 같이, 당신(의 몸속의 상황)이 속할 수 있는 가능세계는 네 개로 분할된다. '암'이면서 '양성'인 세계(좌측상단구역), '암'이면서 '음성'인 세계(좌측하단구역), '건강'하면서 '양성'인 세계(우측상단구역), '건강'하면서 '음성'인 세계(우측하단구역), 이렇게 네 가지다.

도표 2-3 네 개로 분기된 세계

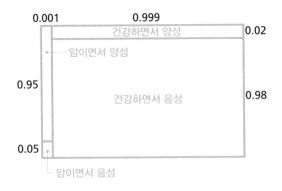

그리고 각 구역이 나타내는 사항의 확률은 곱셈에 의해 **도표 2-4**와 구할 수 있다.

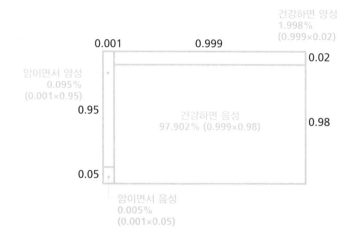

단, 그림에서는 가독성을 우선시했기 때문에 100배하여 %로 나타내었다. 실제 확률은 표의 수치를 100으로 나눈 값이다.

2-4 검사 결과가 양성이므로 '일어날 가능성이 없는 세계'를 소거한다

당신은 지금 검사 결과 양성 판정을 받은 현실에 직면해 있다. 즉 당신은 **당신의 몸속에서 일어나는 일에 관한 정보를 한 가지 관측**한 셈이다. 이것은 당신에게 당신이 속해 있는 세계에 대한 추가적인 정보를 준다.

당신이 현실 세계에서 '양성'이라는 진단을 관측했기 때문에 '음성'이라는 세계는 사라진다. 이를 도형에 반영해 보자(**도표 2-5**).

도표 2-5　정보에 따라 가능성이 한정된다

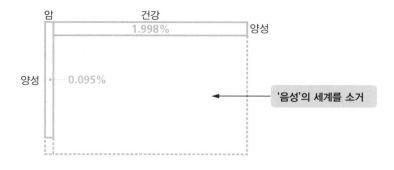

2-5　당신이 암일 것이라는 '베이즈 역확률'을 구한다

앞에서는 '양성'이라는 진단을 관측했기 때문에 가능세계가 두 개로 한정되었다. 즉 당신이 속한 세계는 '암&양성'의 세계 혹은 '건강&양성'의 세계 중 하나다.

검사 결과가 관측됨에 따라 가능성이 네 개에서 두 개로 좁혀졌기 때문에 확률(직사각형의 면적)을 더해도 1이 되지 않는다. 따라서 **정규화 조건을 복구하기 위해 비례 관계를 유지한 상태로 '더해서 1이 되도록'** 한다. 구체적인 방법은 **도표 2-6**과 같다.

(왼쪽 직사각형의 면적) : (오른쪽 직사각형의 면적) = 0.095 : 1.998

에서, 0.095 + 1.998 = 2.093이므로, 비의 양측을 이 값으로 나누면 정규화 조건의 충족(더해서 1이 된다)이 이루어진다.

도표 2-6　정규화에 따라 사후확률을 구한다

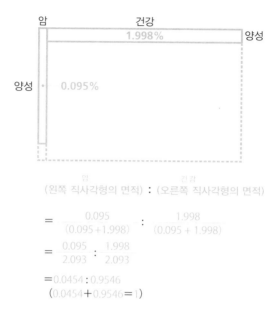

(왼쪽 직사각형의 면적) : (오른쪽 직사각형의 면적)

$$= \frac{0.095}{(0.095+1.998)} : \frac{1.998}{(0.095+1.998)}$$

$$= \frac{0.095}{2.093} : \frac{1.998}{2.093}$$

$$= 0.0454 : 0.9546$$
$$(0.0454 + 0.9546 = 1)$$

그림과 같이 직사각형의 면적을 정규화하면, 0.0454와 0.9546(반올림하여 소수점 이하 4자리까지 구함)이 된다. 더해서 1이 된다는 사실을 확인하기 바란다.

이 결과로 **양성이라는 검사 결과를 받았을 때, 당신이 암에 걸려 있을 사후확률은 4.5%정도**임을 알 수 있다. 이 값이 곧 사후확률(베이즈 사후확률)이 된다.

2-6　베이즈 추정의 프로세스 정리

이번 강의에서 암의 검사에 관한 베이즈 역확률을 구하는 방법을 도식으로 정리하면 다음과 같다(**도표 2-7**).

도표 2-7　암 이환율의 베이즈 추정 프로세스

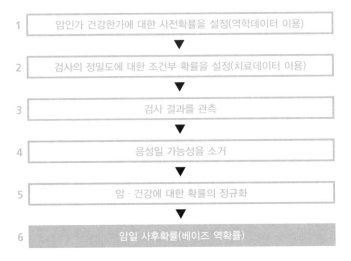

1　암인가 건강한가에 대한 사전확률을 설정(역학데이터 이용)

▼

2　검사의 정밀도에 대한 조건부 확률을 설정(치료데이터 이용)

▼

3　검사 결과를 관측

▼

4　음성일 가능성을 소거

▼

5　암·건강에 대한 확률의 정규화

▼

6　암일 사후확률(베이즈 역확률)

　그럼 암에 걸려 있을 사후확률을 구함으로써 무엇을 알게 될까? 이에 대한 해석이 이번 강의에서 가장 중요한 부분이다.

　먼저 맨 처음 질문이었던 '95% 감도인 암 검사에서 양성이 나온다면 당신은 95%의 확률로 암인가?'에 대해서는 **부정적인 답이 나왔음**에 주의하기 바란다. 95%는커녕 불과 4.5%다. 그런 의미에서 심하게 비관할 필요가 없다.

　왜 이렇게 확률이 낮을까? **원래 암에 걸린 사람 자체가 매우 드물다. 건강한 사람이 압도적으로 많을뿐더러 건강한 사람을 양성으로 진단하는 사례 또한 무시할 수 없을 만큼 많기** 때문이다. 즉 건강한데도 오진으로 양성이 나왔을 가능성이 압도적으로 높다. 따라서 과도한 비관은 금물이다.

　그렇다면 완전히 마음을 놓아도 될까? 그 또한 아니다. 이에 관해서는 사전확률과 사후확률을 나타낸 **도표 2-8**을 보면 명확히 알 수 있다.

이 도식을 보면 알 수 있듯이 아직 아무런 관측이 이루어지지 않았을 때 당신이 올해 암에 걸렸을 확률은 0.001(사전확률)이었지만, '양성'임이 관측된 후에는 그 정보를 근거로 수치가 갱신되어 약 0.045(사후확률)가 되었다. 즉 확률이 0.1%에서 4.5%로 올라갔다. 이것은 45배에 이르는 변화다.

검사 결과를 보기 전에는 자연 발생률을 근거로 대략 1000명에 1명 정도의 가능성이라고 판단했다. 그러나 검사에서 양성이 나온 지금은 약 20명에 1명꼴로 가능성이 높아졌다. 결코 방치해도 되는 상태라고 볼 수 없다.

이상과 같은 사후확률에 대한 이해가 바로 서려면 일상의 훈련이 필요하다. 이 책을 읽고 그 훈련을 쌓아가기 바란다.

❶타입 '암', '건강'의 사전확률을 설정한다(역학데이터를 이용한다).

❷암 검사의 감도를 설정한다. 즉 암인 사람의 양성·음성의 조건부 확률과 건강한 사람의 양성·음성의 조건부 확률을 설정한다(치료데이터 활용).

❸'양성'이 관측되었기 때문에 '음성'의 세계를 소거한다.

❹'암&양성'의 확률과 '건강&양성'일 확률 값에 대해 정규화 조건을 복구시킨다(비례 관계를 유지한 상태로 더해서 1이 되도록 한다).

❺정규화 조건이 복구된 '암&양성'의 수치가 검사 결과 양성이 나온 사람이 실제로 암일 사후확률(베이즈 역확률)이다.

❻사전확률이 검사 결과를 관측함으로써 사후확률로 갱신된다(베이즈 갱신).

　인플루엔자 유행 시기에 고열로 병원에 온 환자 중 인플루엔자에 걸린 환자의 비율이 0.7, 감기에 걸린 환자의 비율이 0.3이라고 하자. 인플루엔자 간이 키트로 검사했더니 양성·음성의 비율은 다음 표와 같았다.

타입	양성일 확률	음성일 확률
인플루엔자	0.8	0.2
인플루엔자가 아님	0.1	0.9

　이때 인플루엔자 간이 키트 검사에서 양성이 나온 경우 인플루엔자일 확률, 음성으로 나온 경우 인플루엔자가 아닐 확률을 다음 단계에 따라 구하시오.

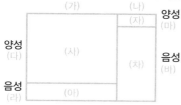

타입에 대한 사전확률에서, 　(가) = (　　), (나) = (　　)가 된다.

정보에 대한 조건부 확률에서, 　(다) = (　　), (라) = (　　)
　　　　　　　　　　　　　　(마) = (　　), (바) = (　　)

분기된 네 가지 세계의 확률은, (사) = (　) × (　) = (　)
　　　　　　　　　　　　　(아) = (　) × (　) = (　)
　　　　　　　　　　　　　(자) = (　) × (　) = (　)
　　　　　　　　　　　　　(차) = (　) × (　) = (　)

'양성'이 관측된 두 세계의 확률을 정규화하면,
(사) : (자) = (　　) : (　　) = (　　) : (　　)
<small>더해서 1이 된다</small>

'양성'이 관측된 뒤 '인플루엔자'일 사후확률 = (　　)

'음성'이 관측된 두 세계의 확률을 정규화하면,
(아) : (차) = (　　) : (　　) = (　　) : (　　)
<small>더해서 1이 된다</small>

'음성'이 관측된 뒤 '인플루엔자가 아닐' 사후확률 = (　　)

주관적인 숫자여도
추정이 가능하다

» 곤란한 상황에서 쓰는 '이유 불충분의 원리'

3-1 초콜릿을 준 그녀의 마음을 추정한다

이제까지의 강의에서 해설한 바와 같이 베이즈 추정의 수순은 다음과 같다.

(사전확률)→(조건부 확률)→(관측에 의한 정보의 입수)→(사후확률)

제1강과 제2강에서 맨 처음의 사전확률은 객관적인 데이터를 참고로 하여 설정했다. 그러나 **객관적인 사전 데이터가 없어도 추정이 가능**하다는 것에 베이즈 추정의 진정한 면모가 드러난다. 즉 **사전확률을 주관적으로 설정하여 추정을 실시할 수가 있다**는 뜻이다. 뿐만 아니라 이 방법을 살펴봄으로써 '베이즈 추정의 사상'이 명확해지고 '굉장함', '신기함' 그리고 '미심쩍음', '수상쩍음' 등 모든 면을 이해할 수 있다.

여기서는 다음과 같이 문제설정을 해보자.

　　다소 뜬구름 잡는 식의 문제설정이라고 생각할지도 모른다. 그리고 이런 문제를 수학적으로 풀 수도 있는가에 대한 의문도 생겨날 것이다.

　　가장 중요한 포인트는 '그녀가 당신을 마음에 두고 있을 확률이 어 느 정도인가?'라는, 즉 **사람의 속마음을 수치화해야 한다**는 점이다. 여기 에는 객관성이 전혀 없다. 제1강의 '손님이 상품을 사려는 사람인가 아 닌가', 또 제2강의 '당신은 암에 걸려 있는가 아닌가'에서는 어느 정도 의 통계적인 판단이 사용되었다. 그러나 이번에는 특정인인 여성 동료 의 속마음을 다루는 문제다. 가령 '다수의 일반 여성이 당신을 마음에 두고 있는가 그렇지 않은가'와 같은 통계적인 문제가 아니다. 애당초 이치에 맞지 않는 문제겠지만 말이다.

또 여기서 말하는 '마음에 두고 있을 확률'에서의 **'확률'이 뜻하는 바도 생각할수록 그 의미가 와 닿지 않는다.** 예컨대 '주사위를 던져서 1이 나올 확률은 6분의 1'과 같은 경우, '이 주사위를 여섯 번 던지면 그중 한 번은 1이 나온다', 또는 조금 더 신중하게 '주사위를 많이 던지면 그중 6분의 1 정도의 비율로 1이 나온다'라는 해석이 가능하다. 그러나 '그녀가 당신을 마음에 두고 있을 확률'에서는 그러한 해석이 통용되지 않는다. 앞의 문제를 그렇게 끼워 맞추면 '가령 여성 동료가 많이 있는데 그중 몇 퍼센트가 당신을 마음에 두고 있을 거라 생각하는가'라는 황당무계한 해석이 되기 때문이다.

이번 문제설정은 통상의 통계·확률의 상식에서 상당히 일탈됐다. 하지만 베이즈 추정은 이와 같은 문제에도 접근할 수 있다. 거꾸로 말하면 이 점이 바로 베이즈 추정의 진가를 발휘할 수 있는 강점이라 할 만하다. 이번 강의에서는 이 문제를 통해 베이즈 추정의 주관적인 측면에 대해 이해해 보기로 하자.

이하에서는 필자가 한 성인오락 잡지사의 의뢰를 받아 작성했던 베이즈 추정 관련 기사를 바탕으로 해설해 나가기로 한다.

3-2 주관적으로 당신을 마음에 두고 있는가에 대한 '사전확률'을 설정한다

이 문제의 특수성은 전 절에서 설명한 대로 사전확률을 객관적인 통계 데이터를 이용해 얻을 수 없다는 점이다. **사전확률**이란 제1강에서 이야기했듯이 **'어떤 정보가 들어오기 전 각 타입에 대한 비율'**이다. 이 경우에는 '당신을 마음에 두고 있다'는 타입과 '당신을 논외로 생각하고 있다'는 타입으로 나뉜다. 이하, '진심'과 '논외'로 약칭한다.

이 예에서는 많은 사람에 관한 통계적인 현상이 아니라 어떤 특정한 동료 여성의 마음에 대해 추측하고 있다. 따라서 사전확률을 구하기 위해 활용 가능한 데이터가 없다.

이와 같은 경우는 **'이유 불충분의 원리'**라는 방법을 채용하는 것이 상도(常道)이다. 그녀가 당신을 '진심'으로 생각한다는 근거도 없을뿐더러 '논외'로 생각한다는 근거도 없기 때문에 **일단 대등하다고 생각한다는** 원리다. 즉 사전확률을 0.5와 0.5로 설정하는 것이다(**도표 3-1**).

도표 3-1　이유 불충분의 원리에 따른 사전분포

이 그림은 밸런타인데이에 초콜릿을 준 그녀의 행동을 관측하기 전, 그녀가 당신을 '진심' 혹은 '논외'로 생각할 가능성을 나타낸 것이다. 당신이 있는 세계는 두 개로 나뉘어 있다. 왼쪽이 '진심'이라는 가능세계, 오른쪽이 '논외'라는 가능세계다.

당신이 둘 중 어느 한쪽 세계에 속해 있음은 분명하다. 그러나 결론은 그녀의 마음속에 있으므로 어느 쪽이라고 단정할 수 없어 추측을

해 보려고 한다. 통계적인 접근이 불가능한 데다 어느 쪽이 우세하다고 생각할 근거도 없으므로 임의의 수치로써 대등하게 0.5씩 할당한 것이다. 물론 이외의 수치를 할당하는 것도 가능하다. 그에 대해서는 후반부에서 다루기로 한다.

3-3 어떻게든 데이터를 입수하여 '조건부 확률'을 설정한다

다음 단계에서는 관측할 수 있는 행동에 대해서 타입별로 조건부 확률을 설정해야 한다. 이 조건부 확률에 대해서는 어느 정도의 객관적인 확률을 설정할 필요가 있다. 즉 어딘가에서 통계적인 데이터를 꼭 끌어와야 한다.

필자가 오락잡지에 실었던 베이즈 추정 관련 기사에서는 앙케트 조사 결과를 활용했다. 사전에 편집자에게 부탁하여 직장 여성들의 밸런타인 행동에 대한 앙케트 조사를 실시했다. 알고 싶었던 부분은 '여성들이 마음에 두고 있는 남성과 논외인 남성에게 각각 어느 정도의 확률로 초콜릿을 주는가'였다. 편집자는 직장 여성을 대상으로 인터넷 앙케트용 게시판에 '0%, 50%, 100%'의 선택지를 제시한 간이적인 설문 조사를 실시하여 보고해 주었다.

그것을 통계적으로 처리한 결과, 평균적으로 봤을 때 그녀들은 '진심'인 상대에게는 42.5%의 확률로, 논외인 상대에게는 22%의 확률로 초콜릿을 준다는 판명이 났다. 진심으로 생각하는 상대에게 주는 확률이 50% 이하라는 것도 의외였지만, 논외인 상대에게 22%나 되는 확률로 준다는 것에 '예의상 초콜릿을 주는 습관'의 대단함을 실감했다. 그러나 상대적으로 보면, 진심인 상대에게는 논외 상대보다 두 배나 높은 확률로 초콜릿을 준다는 사실을 알 수 있다.

도표 3-2 직장 여성이 초콜릿을 줄 조건부 확률

타입	초콜릿을 줄 확률	초콜릿을 주지 않을 확률
진심	0.4	0.6
논외	0.2	0.8

이하, **도표 3-2**와 같이 조건부 확률을 할당한다. 계산의 단순화를 위해 끝수를 버리고 채용했다.

이 확률은 제1강·제2강과 마찬가지로 '**타입을 특정한 경우 각 행동의 확률**'이다. 요컨대 '**원인(진심·논외)을 알고 있을 때의 결과(준다·주지 않는다)의 확률**'이라고 할 수 있다.

앞에서 두 개로 분할한 세계는 다시 각각 둘로 나뉘어 네 개의 가능세계가 된다. 그림으로 그려 보자. 또한 각 구역이 나타내는 사항의 확률은 그 면적이므로 곱셈을 이용해 **도표 3-3**과 같이 구할 수 있다.

도표 3-3 네 개로 나뉜 세계 각각의 확률

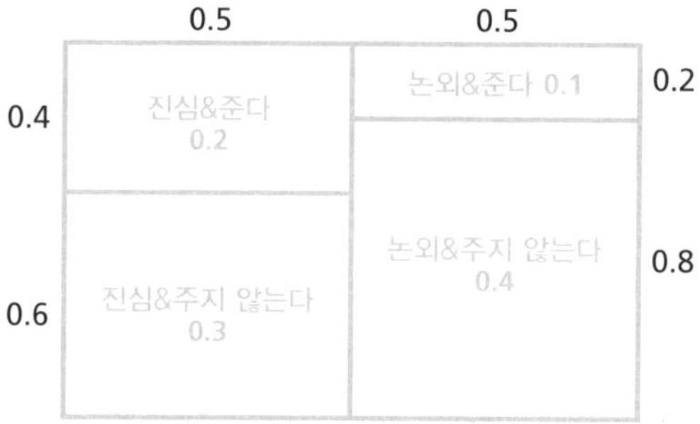

3-4 　초콜릿을 받았으므로 '일어날 가능성이 없는 세계'를 소거한다

　당신은 지금 운 좋게도 관심이 가는 동료 여성으로부터 초콜릿을 받은 현실에 직면해 있다. 이는 당신에게 그녀의 마음에 대한 추가적인 정보를 준다. 당신의 현실 세계에서는 그녀가 당신에게 '초콜릿을 준다'는 행동이 관측되었기 때문에 **'주지 않는다'는 세계는 사라진다.** 이것을 도형에 반영해보자(**도표 3-4**).

도표 3-4　정보에 따라 가능성이 한정된다

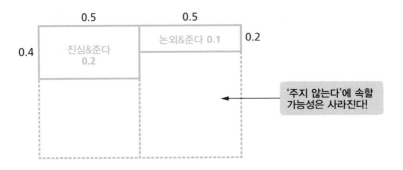

　동료 여성의 행동을 관측함으로써 가능세계는 네 개에서 두 개로 좁혀지므로, 비례 관계를 유지한 채 '더해서 1'이 되도록 수치를 바꿔 정규화 조건을 회복시킨다.

(왼쪽 직사각형의 면적) : (오른쪽 직사각형의 면적) = 0.2 : 0.1 = 2 : 1

　그러므로 비의 양측을 2 + 1 = 3으로 나누면 다음과 같다.

(왼쪽 직사각형의 면적) : (오른쪽 직사각형의 면적) = 2 : 1 = $\frac{2}{3} : \frac{1}{3}$

도표 3-5 정규화 조건을 이용해 사후확률을 구한다

진심	논외
$\frac{2}{3}$	$\frac{1}{3}$

이 결과로부터 당신이 그녀로부터 초콜릿을 받았을 때 당신이 그녀의 '진심'일 사후확률은 $\frac{2}{3}$ = 약 66%가 된다.

3-5 베이즈 추정의 프로세스 정리

이번 강의의 베이스 추정 방법을 도식으로 정리해 보면 다음과 같다(**도표 3-6**).

도표 3-6 '진심' '논외'의 베이즈 추정 프로세스

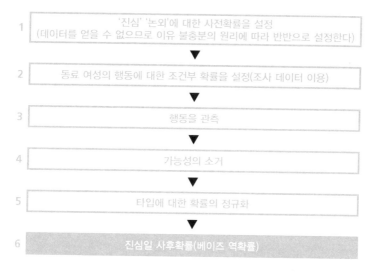

1. '진심' '논외'에 대한 사전확률을 설정
(데이터를 얻을 수 없으므로 이유 불충분의 원리에 따라 반반으로 설정한다)

2. 동료 여성의 행동에 대한 조건부 확률을 설정(조사 데이터 이용)

3. 행동을 관측

4. 가능성의 소거

5. 타입에 대한 확률의 정규화

6. 진심일 사후확률(베이즈 역확률)

진심일 사후확률을 구해보면 무엇을 알 수 있게 될까? 그것은 사전확률과 사후확률을 나타낸 도표에서 알 수 있다(**도표 3-7**).

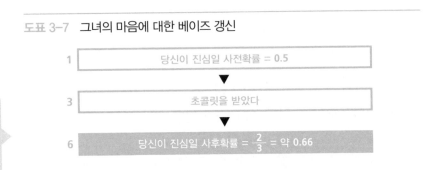

도표 3-7 그녀의 마음에 대한 베이즈 갱신

이 도식으로부터, 초콜릿을 받기 전에는 반반이라고 생각했던 '그녀가 당신을 진심으로 생각할 확률'이 초콜릿을 받음으로써 약 66%로 상승했음을 알 수 있다. 초콜릿을 받았기 때문에 당신의 기대감이 이전보다 높아지는 것은 당연하다. 이렇게 수치로 나타낼 수 있다는 것이 베이즈 추정의 경이로운 점이다. 단 그래도 66%에 머물기 때문에 과잉 기대는 금물이다.

그런데 '아무리 이유 불충분 상황이라 해도 사전확률을 반반으로 설정하는 것은 너무 자신감 넘치는 행위가 아닌가' 하고 느낀 독자도 있을지 모른다. 그때는 겸허하게 진심 0.4, 논외 0.6 등으로 설정하면 된다. 이와 같이 사전확률을 자유롭게 설정할 수 있다는 점에서 베이즈 추정의 유연한 면모를 확인할 수 있다(사전확률을 진심 0.4, 논외 0.6으로 설정한 추정에 관해서는 연습문제를 통해 풀어보자).

속성! 베이즈통계학의 에센스를 이해한다

끝으로 확률이라는 것의 해석에 대해 간단히 이야기하려고 한다.

확률은 중·고등학교에서 배운다. 그런데 학교 교육에서는 객관적인 내용을 다룬다. 즉 '어느 사상의 확률이 얼마다'라고 말하면 그것은 누가 계산하든 같은 값이 나온다는 점에서 객관성을 띤다. '주사위를 던져서 1이 나올 확률이 6분의 1'이라고 한다면, 그것은 '이 주사위를 던질 때 1이 나올 가능성의 정도'를 나타내며 이는 모든 사람의 공통된 판단으로 여긴다.

그러나 이번 강의에서 다룬 확률에는 그러한 객관성이 적용되지 않는다. '동료 여성이 당신을 마음에 두고 있을 확률'에서 '확률'이란 종래의 주사위의 확률과 같은 해석이 불가능하다. 주사위는 여러 차례 던질 수 있음을 상정할 수 있지만 이 여성은 세상에 단 한 명이다. 그리고 그녀가 당신을 진심 혹은 논외로 생각하는가를 결정하는 것은, 앞으로 일어날 확률적인 사항이 아니라 이미 결론이 나 있고 그저 당신이 그것을 모르는 것에 지나지 않기 때문이다.

따라서 '동료 여성이 당신을 마음에 두고 있을 확률'에서 그 '확률'은 **당신 마음속의 '믿음의 정도'와 같은 것이라고 해석해야 한다.** 즉 '확률은 몇이다'가 아니라, 오히려 '나는 확률이 몇이라고 생각한다'라는 의미로 이해해야 할 것이다.

이와 같이 '사람이 마음으로 생각하는 수치'라고 해석하는 확률을 **'주관 확률'**이라 부른다. 주관 확률은 학교 교육에서는 배우지 못하는 것이며 신용할 수 없는 것이라고 여기는 사람이 많다. 그렇지만 통계학이나 경제학에서는 당당히 시민권을 가진 개념이라는 사실을 지적해 두는 바다(242쪽 칼럼을 참조).

제 3 강의 정리

❶타입에 대한 사전확률을 설정한다(데이터를 얻을 수 없으므로 이유 불충분 원리를 채용하여 반반으로 설정한다).

❷행동에 대한 조건부 확률을 설정한다(조사 데이터를 활용).

❸얻은 행동의 정보로부터 일어날 수 없는 가능성을 소거한다.

❹남은 세계의 확률값은 비례 관계를 유지한 채 '더해서 1'이 되도록 정규화 조건을 복구시킨다.

❺타입에 대한 사후확률(베이즈 역확률)을 얻을 수 있다.

❻사전확률이 행동을 관찰함에 따라 사후확률로 변경된다(베이즈 갱신).

❼여기서 다룬 확률은 '주관 확률'이다.

　　여기서는 본문과 같은 설정 모델을 사용하되, 추측한 사람이 약간 '소심한 사람'이라 가정하고 추정을 해보자. 본문에서는 '진심', '논외'일 사전확률을 반반씩 설정했으나, 이번에는 '진심'일 사전확률을 0.4, '논외'일 사전확률을 0.6으로 변경한다. 나머지는 동일하며 정보에 대한 조건부 확률은 다음과 같다.

타입	초콜릿을 줄 확률	초콜릿을 주지 않을 확률
진심	0.4	0.6
논외	0.2	0.8

이때 초콜릿을 받았다는 정보하에서 '진심'일 확률을 다음 단계에 따라 계산하시오.

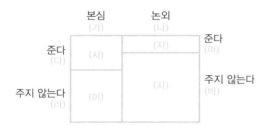

타입에 대한 사전확률에서,　(가) = (　　　), (나) = (　　　)가 된다.

정보에 대한 조건부 확률에서,　(다) = (　　　), (라) = (　　　)

　　　　　　　　　　　　　　　　(마) = (　　　), (바) = (　　　)

분기된 네 가지 세계의 확률은, (사) = (　　　) × (　　　) = (　　　)

　　　　　　　　　　　　　　　(아) = (　　　) × (　　　) = (　　　)

　　　　　　　　　　　　　　　(자) = (　　　) × (　　　) = (　　　)

　　　　　　　　　　　　　　　(차) = (　　　) × (　　　) = (　　　)

'준다'이 관측된 두 세계의 확률을 더해서 1이 되도록 만들면,

(사) : (자) = (　　　) : (　　　) = (　　　) : (　　　)

└──────┴──────┘ **더해서 1이 된다**

'초콜릿을 주었다'는 정보하에 '진심'일 사후확률 = (　　　)

'확률의 확률'을 사용하여
추정의 폭을 넓힌다

4-1 첫째는 여자아이다. 그렇다면 둘째는 남아일까 여아일까?

제1강과 제2강에서는 사전확률의 설정에 객관적인 데이터를 사용했다. 그리고 제3강에서는 사전확률의 설정에 사용할 객관적인 데이터가 없어서 주관적으로 사전확률을 설정했다. 이번 제4강에서는 거기서 한 걸음 더 나아가 신비함이 느껴지는 베이즈 추정의 사용법을 알아보자. 문제설정은 다음과 같다.

> † 문 제 설 정
> 어떤 부부의 첫째 아이가 여아였다고 치자. 이때 그 부부에게서 태어날 둘째 아이가 여아일 확률은 몇일까?

이러한 문제설정이 의미가 있는지에 대해 의문을 가질 수도 있다. 너무 막연해서 무엇을 해야 할지 모르기 때문이다. 많은 이들이 '남녀가 태어날 확률은 반반이니 첫째가 여아였다는 사실은 당연히 둘째 아이의 성별과 관계가 없으며 다음에 태어날 아이가 여아일 확률 역시 반반일 것이다'라고 생각할 것이다.

실제로 필자가 이 문제에 대한 베이즈 추정 방식을 어느 책에 실었

는데, 그때 독자분들로부터 반론의 메일을 받았다. 내용인즉슨 '의사인 친구가 그러던데, 남아를 낳기 쉽고 여아를 낳기 쉽고 하는 문제가 아니라 확률은 반반이라고 본다'라고 했다는 것이다.

물론, 이 사람이 말하려는 바를 모르는 것은 아니다. 그러나 한편으로는 그 책의 해설을 음미하지 않고 굳어 있는 사고로 일방적인 반론을 제기했다는 사실에 조금 유감스러웠다.

먼저 첫째로, 통계적으로 봐도 남녀가 태어나는 비율은 반반이 아니다. 미미하나마 남아의 비율이 높은 것으로 알려져 있다. 일본에서는 약 51:49로 남아 쪽이 많다. 비율의 차는 있어도 '남아 쪽이 많다'는 성질은 세계적으로 공통이라고 한다. 원인이 무엇이든 생물학적으로 남녀가 태어나는 고유의 원리가 있으며, 이를 동전 던지기와 같은 확률 현상으로 간주할 수는 없을 듯하다.

둘째로, 그 독자의 친구 의사분이 관찰하고 있는 것은 '다수의 부부에게 태어날 다수의 아이에 관한 통계'이지 '어느 특정한 부부에게 태어날 아이에 관한 통계'가 아니라는 점이다. 인류라는 종 전체에 통계적으로 나타나는 성질, 가령 51 : 49와 같은 안정적인 비율이 있다손 치더라도 어느 특정 부부에게서 태어날 아이의 남녀비가 이 비율과 동일하리라는 필연성은 없을 것이다. 이 부부에게 고유의 특성이 작용하며 '여아가 태어나기 조금 더 쉽다'든가 '남아가 태어나기 조금 더 쉽다'라는 성향(性向)이 존재할 가능성도 부정할 수 없다.

제 4 강

본래 표준 통계학(네이만―피어슨 통계학이라고도 불린다)은 인류라는 종 전체에 내재된 남녀비와 같은 성향의 해명에는 효력이 있지만, 특정 부부에게 잠재해 있는 남녀 중 어느 한쪽이 태어나기 쉬운 특성 등의 문제에는 사용할 수 없다. 제8강에서 자세히 해설하겠지만, 표준 통계학은 어느 정도 많은 양의 데이터를 사용해야만 추정이 가능하기 때문이다. 특정 부부로부터 통계적인 검증이 이루어질 수 있을 만큼 다수의 아이가 태어날 리도 없을뿐더러, 그만큼 많은 아이를 낳는 동안 연령의 증가로 인해 신체적인 조건도 달라질 것이다.

그러나 이와 같은 특정한 부부의 출산에 관한 추정도 **베이즈 추정을 이용한다면 가능하다. 그 이유는 베이즈 추정이 지닌 '느슨하다'는 특성** 때문이다. 여기서 '느슨함'이란 사전확률이라는 불가사의한 것을 설정하는 것, 그리고 그 수치가 주관적이어도 좋다는 점을 말한다. 이하에서는 앞의 문제설정에 관해 베이즈 추정 특유의 어프로치를 순차적으로 따라가며 확인해 보기로 하자.

먼저 타입의 설정이 핵심이다. 여기서 설정하는 타입이란 '그 부부에게서 태어날 아이가 여아일 확률'이다. 이 확률을 p 라고 표시하자.

'확률 p는 0.5 아냐?'라고 조건반사적으로 내뱉는 독자도 있겠지만, 앞에서 설명했듯이 남녀가 반반(혹은 거의 반반)의 비율로 태어난다는 것은 인류라는 종 전체로 통계를 냈을 때이므로 그것이 특정한 부부에게도 적용되리란 보장은 없다.

그래서 '그 부부에게 태어날 아이가 여아일 확률' p 는 0이상 1이하의 임의의 값으로 설정하는 것이 무난하다. 이 경우 부부의 타입을 나타내는 p 는 $0 \le p \le 1$을 만족하는 수들이므로 연속적으로 분포하는 무한개의 수라고 할 수 있다. 이와 같이 타입 p 를 설정하여 베이즈 추정을 실시하는 것은 가능하지만 이는 상당히 고도의 기술을 요한다. 그래서 이 부분에 대한 설명은 제19강으로 돌리고 여기서는 간이판, 즉 **타입 p를 0.6, 0.5, 0.4의 세 값으로 설정**하여 해설하기로 한다. 물론 원칙적으로는 $0 \le p \le 1$을 만족하는 모든 수를 타입으로 설정해야 한다. 다만 이번 강의에서는 이 추정의 특질을 이해하는 것이 목적이며 쉬운 이해를 돕기 위한 것임을 감안하여 부자연스러운 설정에 대해서는 눈감아주자.

이제 일단 타입을 나타내는 '그 부부에게서 태어날 아이가 여아일 확률' p 를 0.6, 0.5, 0.4의 세 값으로 결정했으므로, 이 부부는 이 세 가지 타입 중 어느 하나에 해당한다고 가정할 수 있다. 예컨대 $p = 0.6$이라

면 이 부부로부터 여아가 태어날 확률이 0.6이라는 뜻이며, $p = 0.4$라
면 이 부부로부터 여아가 태어날 확률이 0.4라는 뜻이다. 전자는 '여아
를 낳기 쉬운 부부'임을 대표하고, 후자는 '남아를 낳기 쉬운 부부'임을
대표한다고 이해하자. 물론 $p = 0.5$는 '남녀가 반반의 확률로 태어날
것 같은 부부'를 대표한다.

다음에는 지금까지와 마찬가지로 이 세 가지 타입에 대한 각각의 사
전확률을 설정해야 한다.

이 경우도 이 부부가 어느 타입에 속하는지에 대한 통계적인 데이터
가 전혀 없으므로 3강에서처럼 '이유 불충분의 원리'를 채용한다. 즉 **도표
4-1과 같이 세 타입에 확률을 각각 $\frac{1}{3}$씩 설정하는 것이다.**

도표 4-1 이유 불충분 원리에 따른 사전분포

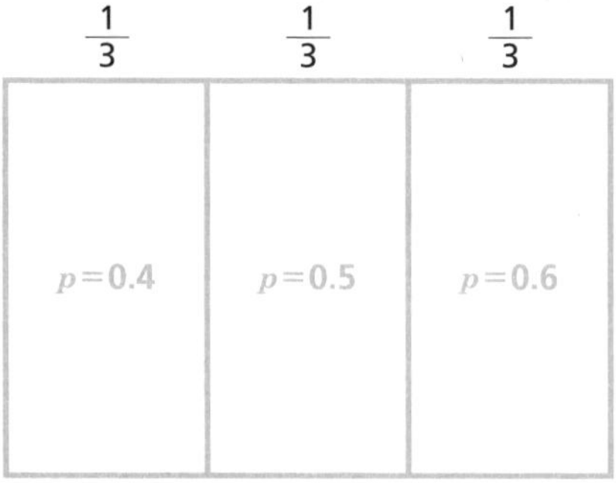

$\frac{1}{3}$	$\frac{1}{3}$	$\frac{1}{3}$
$p=0.4$	$p=0.5$	$p=0.6$

여기서 처음 배우는 사람이 혼동하기 쉬운 것이 '$p = 0.4$일 사전확
률'로 설정되어 있는 확률 $\frac{1}{3}$의 의미다. p 자체도 확률이므로 '$p = 0.4$
일 사전확률'인 $\frac{1}{3}$은 **'확률의 확률'**이다. 익숙해질 때까지는 머리가 혼
란스러울 것이다.

이해해야 할 포인트는, p가 '여아가 태어날' 확률을 나타내며, 사전확률 $\frac{1}{3}$은 세 가지로 설정되어 있는 **타입의 확률 p의 값 중 '어느 것이 진실인가에 대한 가능성'을 나타내 주는 수치**라는 점이다.

바꿔 말하면 사전확률은 그 부부가 어느 가능세계에 속해 있는가에 대한 확률을 나타내며, 확률 p는 각 가능세계에서 그 부부가 여아를 낳을 확률을 나타낸다. 즉 전혀 다른 종류의 확률이다.

앞의 강의까지는 타입(가능세계의 분기)이 확률과 무관했지만 이번 예는 타입이 확률 p로 표현되었다는 점이 다를 뿐이다. 즉 이 부부는 '여아를 낳을 확률이 0.4'인 세계, '여아를 낳을 확률이 0.5'인 세계, 그리고 '여아를 낳을 확률이 0.6'인 세계 중 하나의 세계에 속해 있는데, 어느 세계에 있는지 알 수 없어서 추측의 대상일 뿐이다. 그리고 어느 가능세계일 확률이 나머지 가능세계보다 더 높거나 낮다고 볼 수 없으므로 '이유 불충분의 원리'를 적용해 사전확률을 모두 $\frac{1}{3}$로 설정하는 것이다.

참고로 인류라는 종을 통계적으로 봤을 때 $p = 0.5$가 될 가능성이 다른 두 가지보다 훨씬 높다고 생각한다면 사전분포의 설정을 바꾸면 된다. 예컨대 '여아를 낳을 확률이 0.4'인 사전확률과 '여아를 낳을 확률이 0.6'인 사전확률을 0.6으로 두는 것도 가능하다(이에 대해서는 연습 문제에서 도전해 보자).

사전확률의 설정에서 지금까지와 다른 점이 한 가지 더 있다. 지금까지는 두 가지였던 타입이 이번에는 세 가지라는 점이다. 이번 강의를 이해할 수 있다면 타입이 몇 개가 되든(유한하기만 하다면) 추정할 수 있게 될 것이다.

4-3 '여아가 태어날 확률'을 그대로 '조건부 확률'로 사용한다

다음 단계에서는 이제까지와 마찬가지로 타입별로 특정 행동을 초래하는 조건부 확률을 설정해야 한다. 그런데 이번에는 매우 간단하다. 왜냐하면 타입 그 자체가 그 조건부 확률이 되기 때문이다.

예컨대 만일 그 부부가 속한 타입이 $p = 0.4$라면, 그 부부가 여아를 낳을 조건부 확률은 그대로 0.4가 된다. 그리고 당연히 남아를 낳을 확률은 1−0.4 = 0.6이다. 이를 나타낸 것이 **도표 4−2**다.

도표 4−2 그 부부가 여아 · 남아를 낳을 조건부 확률

타입	여아를 낳을 확률	남아를 낳을 확률
$p = 0.4$	0.4	0.6
$p = 0.5$	0.5	0.5
$p = 0.6$	0.6	0.4

이 확률은 지금까지처럼 '원인이 특정되어 있을 때, 결과의 확률'을 구한 것이다. 여기서 '원인'이란 '여아를 낳기 쉽다 · 남아를 낳기 쉽다'이며, '결과'는 '여아가 태어난다 · 남아가 태어난다'에 해당한다.

도표 4−3과 같이 세 가지로 나뉜 세계가 다시 각각 두 개씩 나뉘어 모두 여섯 개의 세계로 이루어진다.

다음으로 여섯 가지 가능세계에 그것이 발생할 확률을 각각 적어 넣는다. 확률은 이제까지처럼 직사각형 면적을 계산하면 얻을 수 있다. 분수와 소수가 혼재하는 눈에 익지 않은 형태로 표현되어 있지만, 그

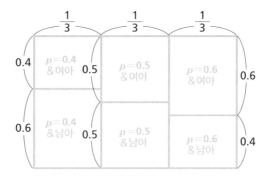

것은 추후 복잡한 계산을 피하기 위한 것이니 신경 쓰지 말고 읽어나

가기 바란다(**도표 4-4**).

도표 4-4　여섯 가지 세계의 확률

	$p=0.4$	$p=0.5$	$p=0.6$
여아	$\dfrac{0.4}{3}$ $0.4 \times \dfrac{1}{3}$	$\dfrac{0.5}{3}$ $0.5 \times \dfrac{1}{3}$	$\dfrac{0.6}{3}$ $0.6 \times \dfrac{1}{3}$
남아	$\dfrac{0.6}{3}$ $0.6 \times \dfrac{1}{3}$	$\dfrac{0.5}{3}$ $0.5 \times \dfrac{1}{3}$	$\dfrac{0.4}{3}$ $0.4 \times \dfrac{1}{3}$

4-4　첫째 아이가 여아였기 때문에 '일어날 가능성이 없는 세계'를 소거한다

여기서 부부는 '첫째가 여아였다'는 현실에 직면해 있다. 따라서 첫

째가 남아라는 세계는 사라진다. 이것을 그림에 반영해보자(**도표 4-5**).

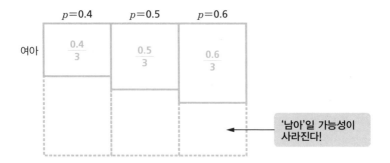

이 부부의 첫째 아이가 여아임이 관측되었기 때문에 가능성은 여섯 가지에서 세 가지로 좁혀진다. 즉 이 부부는 이 세 가지 세계 중 어딘가에 속해 있는 셈이다. 그래서 이제까지와 마찬가지로 비례 관계를 유지한 채 더해서 1이 되도록 하여 정규화 조건을 회복시킨다.

(왼쪽 직사각형의 면적) : (가운데 직사각형의 면적) : (오른쪽 직사각형의 면적)

$$= \frac{0.4}{3} : \frac{0.5}{3} : \frac{0.6}{3}$$

$$= 0.4 : 0.5 : 0.6$$

$$= 4 : 5 : 6$$

비를 4 + 5 + 6 = 15로 나누어 '합이 1'이 되도록 수정한다.

(왼쪽 직사각형의 면적) : (가운데 직사각형의 면적) : (오른쪽 직사각형의 면적)

$$= \frac{4}{15} : \frac{5}{15} : \frac{6}{15}$$

$$= \frac{4}{15} : \frac{1}{3} : \frac{2}{5}$$

이로써 사후확률은

확률p = 0.4의 사후확률 = $\frac{4}{15}$ = 약 0.27

확률p = 0.5의 사후확률 = $\frac{1}{3}$ = 약 0.33

확률p = 0.6의 사후확률 = $\frac{2}{5}$ = 0.4

임을 알 수 있다.

4-5 베이즈 추정의 프로세스 정리

이번 강의에서 다룬 베이즈 추정 방법을 도식으로 정리하면 **도표 4-6**과 같다.

도표 4-6 부부의 타입에 대한 베이즈 추정 프로세스

타입p의 사후확률을 구함으로써 우리는 무엇을 알 수 있을까? 사전 확률과 사후확률의 **도표 4-7**을 보면 그 답을 스스로 찾을 수 있을 것

이다.

이 도식을 보면 여아가 태어나기 전에는 세 가지 타입의 가능성이 모두 대등하다고 보아 확률을 0.33씩 할당하였다. 그러나 첫째 아이가 여아였다는 정보에 의해 사후확률의 비가 달라진다. $p = 0.5$일 확률은 그대로 0.33이지만 $p = 0.4$일 확률은 0.33에서 0.27로 감소하고, $p = 0.6$일 확률은 0.33에서 0.4로 증가했다. 즉 **'여아가 태어났다'는 정보를 얻은 후에는 그 전에 비해 '여자아이를 낳기 쉬운 부부다'라고 추정 결과가 달라진다.**

다음으로 지적하고 싶은 것은, 이 예에서는 **객관 확률**과 **주관 확률**이 혼재해 있다는 점이다. 타입을 나타내는 확률 p는 객관 확률이다. $p = 0.4$가 의미하는 것은 이 부부로부터 마치 확률 0.4로 앞면이 나오는 동전을 던진 것처럼, 확률 0.4로 '여아'라는 면이 나온다는 해석이 되기 때문이다. 이것은 누구에게나 객관적이라 할 만한 확률이다. 한편 사전확률 및 사후확률은 추정자의 마음에 의거한 주관 확률이다. 그것은 사전확률을 '이유 불충분의 원리'로부터 대등하게 설정한 출발선을 떠올리면 알 수 있다. '그렇게 생각할 수밖에 없기 때문에 일단 대등하게 설정한다'는 것은 '확률이라는 대상을 개인적인 의견으로 판단하고 있음'을 뜻하기 때문에 주관 그 자체라고 해석하는 것이 적절하다.

4-6 '다음에 여아가 태어날 확률'을 구하려면 '기대치'를 사용한다

얻어진 사후확률은 다음과 같이 타입별 확률, 즉 '확률의 확률'이다.

(타입 $p = 0.4$의 사후확률) = 0.27

(타입 $p = 0.5$의 사후확률) = 0.33

(타입 $p = 0.6$의 사후확률) = 0.4

수치가 세 가지라 상세하다는 것은 다행스럽지만 '그래서 결국 다음 여아가 태어날 확률이 얼마라는 것인가?' 하는 물음에 대한 답은 되지 않는다. 그럼 마지막으로 이 물음에 답하는 방법을 알아보자.

'이 부부로부터 태어날 둘째 아이가 여아일 확률'을 하나의 수치로 구하려면 '평균치'를 사용한다. 확률적 평균치이므로 전문적으로는 '기대치'라 불리는 수치다. 기대치에 대해서는 제18강에서 자세하게 알아볼 예정이므로 여기서는 도해를 통해 그 의미를 확인하는 선까지만 해본다.

먼저 가능한 세계(여아가 태어난 세계)인 직사각형에 사후확률을 기입한 그림을 그린다. 직사각형 세 개로 이루어져 있다. 왼쪽 직사각형은 세로 길이가 타입 $p = 0.4$, 가로 길이가 그 사후확률 0.27이다. 가운데 직사각형은 세로 길이가 타입 $p = 0.5$, 가로 길이가 그 사후확률 0.33이다. 오른쪽 직사각형은 세로 길이가 타입 $p = 0.6$, 가로 길이가 그 사후확률 0.4다. 따라서 각 직사각형의 면적은 순서대로 다음과 같이 계산된다.

왼쪽 → $0.4 \times 0.27 = 0.108$
가운데 → $0.5 \times 0.33 = 0.165$
오른쪽 → $0.6 \times 0.4 = 0.24$

이 세 가지 직사각형에 대해 가로 길이의 합과 면적의 합이 서로 일치하도록 한 개의 직사각형을 만든다. 그것이 점선으로 된 직사각형이다. 이 직사각형은 가로변의 길이가 정확히 1이 된다. 그 이유는 세 개의 직사각형의 가로변의 길이는 각 타입의 사후확률이므로, 정규화 조건에 따라 더하면 1이 되기 때문이다. 따라서 점선으로 된 직사각형의 세로변의 길이는 세 가지 직사각형의 면적의 합과 정확히 일치한다. 이것이 '타입을 평균화한 값'이자 '타입의 기대치'다(**도표 4-8**).

구체적으로 계산해 보면 다음과 같다.

(p의 기대치) = $0.4 \times 0.27 + 0.5 \times 0.33 + 0.6 \times 0.4$
= $0.108 + 0.165 + 0.24$
= 0.513

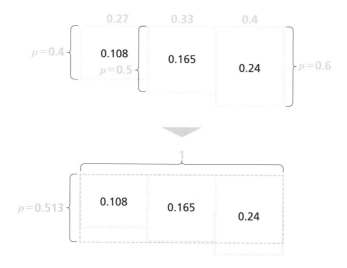

따라서 이 부부의 타입(여아를 낳을 확률)을 평균화하면 그것은 0.513이며 이것이 **이 부부로부터 다음 태어날 아이가 여아일 확률**이라고 해석할 수 있다. 타입을 $0 \leqq p \leqq 1$을 만족하는 모든 p로 설정하는 사례는 제19강에서 다루어보자.

①타입을 확률로 설정하고, 그에 대한 사전확률을 설정한다(데이터를 얻을 수 없으므로 이유 불충분 원리를 채용하여 대등하게 설정한다). 사전확률은 '확률의 확률'이 된다.

②조건부 확률을 설정한다(이것은 타입의 확률 그 자체로 설정하면 된다).

③얻은 정보(첫째 아이가 여아였다)로부터 일어나지 않을 가능성을 소거한다.

④남은 세계의 확률값에 대해 정규화 조건을 복구한다.

⑤타입에 대한 사후확률(베이즈 역확률)을 얻을 수 있다.

⑥사전확률이 얻은 정보에 의해 사후확률로 갱신된다(베이즈 갱신).

⑦사전확률과 사후확률은 모두 주관 확률이다.

⑧각 타입(확률로 표현되고 있는)의 확률이 나왔으므로 그것을 평균화(기대치를 구한다)하여 타입의 평균치를 구할 수 있다. 그것이 다음에 태어날 아이가 여아일 확률이 된다.

　본문에서 사전확률을 설정할 때는 모두 균등한 값으로 했는데 이것은 그리 타당하지 않다. $p = 0.5$일 가능성이 다른 가능성에 비해 크다고 생각하는 것이 현실적이다. 따라서 사전확률이 다음과 같다고 설정을 변경하여,

타입 $p = 0.4$의 확률 → 0.2
타입 $p = 0.5$의 확률 → 0.6
타입 $p = 0.6$의 확률 → 0.2

이하의 프로세스에 따라 사후확률을 구하라.

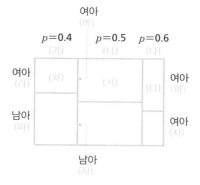

타입에 대한 사전확률에서, 　(가) = (　　), (나) = (　　), (다) = (　　)가 된다.

정보에 대한 조건부 확률에서, 　(라) = 0.4　(마) = (　　)
　　　　　　　　　　　　　(바) = 0.5　(사) = (　　)
　　　　　　　　　　　　　(아) = 0.6　(자) = (　　)

분기된 아홉 가지 세계 중 여아가 태어날 세계 각각의 확률은
　　　　　　　　　　　　　(차) = (　　) × (　　) = (　　)
　　　　　　　　　　　　　(카) = (　　) × (　　) = (　　)
　　　　　　　　　　　　　(타) = (　　) × (　　) = (　　)

'여아가 태어난' 세 가지 세계의 확률을 정규화하면
　　　　　　　　　　　　　(차) : (카) : (타) = (　　) : (　　) : (　　)
　　　　　　　　　　　　　　　　　　　　 = (　　) : (　　) : (　　)

더해서 1이 된다

베이즈는 어떤 사람이었을까?

베이즈 역확률을 발견한 사람은 영국인 토마스 베이즈로, 그는 1702년에 태어나 1761년에 별세했다. 베이즈는 스코틀랜드의 에든버러대학에서 신학과 수학을 공부했고, 이후 부친의 뒤를 따라 목사가 되었다.

베이즈는 목사 일에 종사하면서 수학도 연구했다. 당시는 신을 섬기는 일에 종사하는 사람들 중에 수학을 연구하는 사람이 적지 않았기 때문에 그다지 특이한 일은 아니었다.

베이즈는 생애에 단 한 편의 수학 논문을 썼다. 그것은 〈확률의 사고법에 있어서 어떤 문제의 해법에 관한 고찰〉이라는 제목의 논문이었다. 이 논문 속에 베이즈 역확률의 원점이 있었다. 베이즈는 이 발견을 그다지 중요하게 생각하지 않았던 듯 오랜 세월 방치해 두었고 그 때문에 몇 년에 집필이 된 것인지 명확하지 않다. 1740년대 말, 필경 1748년 혹은 1749년이었을 것으로 추측한다.

베이즈의 발견을 세상에 알린 것은 목사였던 그의 친구 리처드 프라이스였다. 프라이스는 베이즈 친척의 의뢰로 베이즈가 남긴 문헌을 조사했다. 그러다가 전술한 논문을 발견하여 사고방법을 정리한 뒤 1764년에 로열소사이어티의 《철학기요》에 논문을 발표했다. 이것이 베이즈 역확률이 첫 선을 보인 자리였다.

그러나 프라이스의 보고는 거의 주목받지 못했다. 그 흐름을 바꾼 것은 프랑스의 천재 수학자 라플라스의 연구였다. 라플라스는 천문학·물리학·수학에 많은 업적을 남긴 사람이었는데, 베이즈의 연구를 알기 전 이미 베이즈 역확률의 착상에 육박한 논문을 썼다. 그 후 프라이스의 연구를 전해 듣고는 그것이 자신의 초기 연구를 완성으로 이끌어줄 것임을 깨달아 1787년경에 단번에 베이즈 역확률을 현재의 공식 형태로 완성해 냈다. 따라서 베이즈 역확률은 라플라스의 발견이라고도 볼 수 있다.

추론의 프로세스에서 부각되는
베이즈 추정의 특징

5-1 알고 보면 표준 통계학보다 오랜 역사를 지닌 베이즈통계학

지금까지 4강에 걸쳐 베이즈 추정의 구체적인 방식을 알아보았다. 독자여러분이 베이즈 추정의 프로세스에 웬만큼 익숙해졌을 이즈음해서 **베이즈 추정이 어떤 논리구조를 가진 추정인가를 해설**하려고 한다.

특히 표준 통계적 추정(네이만–피어슨 통계학이라 불린다)과의 차이를 확실히 짚어보고자 한다. 네이만과 피어슨은 지금의 통계학 형태를 완성한 통계학자들이다. 또, 한 사람 중요한 공헌을 한 피셔라는 통계학자가 있어서 피셔–네이만–피어슨 통계학이라 부르기도 하지만 이 책에서는 일반적으로 쓰이는 네이만–피어슨 통계학으로 명칭을 통일하기로 한다.

보통 통계학 교과서는 네이만–피어슨 통계학에 대해서 해설하고 있다. '가설검정'이나 '구간추정' 등의 방법론이 대표적이다. 그런데 그 역사는 의외로 짧다. 19세기 끝 무렵에서 20세기 초에 걸쳐 완성된 것이다.

오히려 역사는 베이즈통계학 쪽이 더 길다. 창시자인 베이즈는 18

세기의 사람으로 베이즈 추정의 발상은 이미 18세기에 완성된 상태였다. (칼럼 참조) 그러나 베이즈 추정의 사고법을 비판하는 학자가 끊이지 않았고, 특히 19세기 말, 피셔 등이 격렬한 비판을 펼쳐나가면서 베이즈 추정은 학회로부터 한 차례 매장된다.

그러다가 20세기 중반 무렵이 되어 재차 주목을 받는다. 복권의 계기가 된 것은 새비지 등의 통계학자들이 '주관적 확률'의 이론을 구축한 일이었다. (칼럼 참조). 그 이후 베이즈통계학은 네이만-피어슨 통계학이 발전시킨 성과와 맞물리면서 현저한 진화를 이루게 되었다.

5-2 추론이란 무엇인가

일반적으로 '추론'하면 명확하지 않은 사항에 대해 몇 가지 증거를 바탕으로 추리하여 그 **사실을 밝혀내려는 행위**를 말한다. 과학적인 추론에는 분야별로 고유한 방법이 존재한다.

그중에서도 가장 전형적인 추론 방법은 '논리적 추론'일 것이다. '논리적'에서 '논리'란 수학의 증명에서 말하는 '논리'를 가리키는 것이라고 이해하면 된다. 간단한 예를 살펴보자.

예컨대 눈앞에 단지가 하나 있다고 치자. 그 단지가 A단지나 B단지 중 하나라는 것은 알지만 둘 중 무엇인지 겉으로 봐서는 알 수가 없다. 이것이 '명확하지 않은 사항'에 대응한다. 한편 여기에 단지 두 개에 대한 지식이 있다. A단지에는 공이 열 개 들어 있는데 모두 흰색이고 B단지에도 공이 열 개 들어 있는데 모두 검정색이라는 지식이다.

이때 눈앞의 그 단지에서 공을 한 개 꺼냈더니 검정색이었다. 이 검정색 공이라는 것이 추측을 위한 '증거'가 된다. 그렇다면 이 증거로부터 이 단지가 A, B 중 어느 쪽 단지인지 판단할 수 있겠는가?

이것은 상당히 간단한 추론이라 누구나가 B단지라고 결론 내릴 수 있을 것이다. 이에 대한 추론은 굳이 설명을 하지 않아도 될 만큼 명백하지만, '추론이란 무엇인가'를 명확히 알기 위해 추론의 프로세스를 자세히 기술해 보기로 한다.

5-3 논리적 추론의 프로세스

먼저 지식에 따른 사실 관계를 간단명료한 표현으로 열거해 보자.

사실1 A 혹은 B
사실2 A라면 흰 공
사실3 B라면 검은 공
사실4 검은 공(흰 공이 아니다)

그렇다면 이 네 가지 사실로부터 'B다'라는 결론을 이끌어 내보자. 물론 보통 사람이라면 직감적으로 B라는 것을 알고 있을 터이다. 그러나 수학에서의 증명(논리적 연역)에 의한 추론은 방식이 한정되어 있어서 아무 이치나 끌어다 쓸 수 있는 것이 아니다.

대표적인 증명 방법은 '자연연역'이라 불리는 연역시스템이다. 여기서는 그 자연연역 수순으로 한정하여 굳이 빙 둘러서 도출해 보기로 하자. (자연연역이 무엇인가에 대해서는 졸저《수학적 추론이 세계를 바꾼다》(NHK출판, 2012년)를 참고할 것)

먼저, A라고 가정한다. 이 가정 A와 사실2로부터 '흰 공'으로 결론이 난다. 한편 사실4에서 '검은 공(흰 공이 아니다)'임을 알고 있다. '흰 공', '흰 공이 아니다'는 모순이다. 따라서 가정 A는 부정되므로 'A가 아니다'라는 것을 알 수 있다. 이 'A가 아니다'라는 사실1로부터 B로 결론지어진다.

잘 적어나가다 보면 분명 빙 둘러한 추론이지만, 도중에 이용한 연역은 하나같이 수학의 엄밀한 증명(혹은 논리학에서의 연역)으로 인정받고 있는 것이며 비약이 있는 추론은 하나도 없다. 말하자면 컴퓨터도 프로그램 가능한 규칙만을 사용하여 결론을 이끌어 낸다. 따라서 내린 결론은 논리적인 결론이다.

여기서 사실3은 추론에 사용되지 않았는데, 다음 절과 비교하기 위해 넣어두었다.

앞에서 논리적 추론의 예를 확인했다면 이번에는 확률적 추론의 예를 살펴보기로 하자. 다음과 같은 문제를 생각해 볼 수 있다.

눈앞에 단지가 한 개 있는데, 단지 A나 B 중 하나임은 알고 있지만, 겉으로 봐서는 어느 쪽인지 알 수가 없다. 이때 단지 A에는 흰 공 아홉 개와 검은 공 한 개가, 단지 B에는 흰 공 두 개와 검은 공 여덟 개가 들어 있다는 지식을 가지고 있다. 이때 단지에서 공을 한 개 꺼냈더니 검은 공이었다. 눈앞의 단지는 A와 B 중 어느 단지일까?

이 사례에서는 앞에서 다룬 추론이 통용되지 않음을 알 수 있다. 사실2와 사실3이 성립하지 않기 때문이다. 그래서 사실2를 다음의 사실2'로, 사실3을 다음의 사실3'로 바꾸어 추론해야 한다.

사실1　A 혹은 B
사실2'　A라면 대체로 흰 공
사실3'　B라면 대체로 검은 공

사실4 검은 공(흰 공이 아니다)

그렇다면 이 네 가지 사실로부터 어떤 결론을 이끌어 내면 좋을까? 직감적으로 누구나가 다음과 같은 결론에 이를 것이다. 즉 '대체로 B일 것이다'라는 결론이다. 문제는 이 문언 속의 '대체로'라는 말을 어떻게 해석하면 좋을까 하는 부분이다.

이 '대체로'라는 해석에 표준 통계학(네이만-피어슨 통계학)과 베이즈통계학의 입장 차가 선명히 드러난다.

표준 통계학 추정에서는 '대체로 B일 것이다'를 '리스크는 있지만 B로 결론 짓자'는 의미로 사용한다. 이것은 리스크를 각오하고 두 개의 가능성 중 한쪽으로 결론을 내리는 입장이다.

한편 베이즈 추정에서는 '대체로 B일 것이다'를 'A와 B 모두 가능하지만 B쪽의 가능성이 훨씬 클 것이다'라는 입장을 취한다. 이것은 A다 B다 하고 결론 내리는 방식이 아닌 이른바 양다리를 걸친 결론을 내리되 그 가능성에 무게차를 두는 입장이다.

이후의 강의에서는 이와 같은 표준 통계학 추정과 베이즈 추정의 논리적인 구조의 차를 자세히 설명해 나가려고 한다. 새로운 강의로 옮겨가도록 하자.

❶논리적 추론(자연연역)은 논리학의 연역법에 따라 엄밀하게 결론을 도출하는 것이다.

❷지식으로서 가지고 있는 사실에 불확실한 부분이 있을 때는 확률적 추론이 된다.

❸확률적 추론에서는 '대체로 **다'라는 결론이 나온다.

❹확률적 추론에는 표준 통계학 추정과 베이즈 추정의 두 가지 방법이 있다.

❺표준 통계학 추정에서는 일정한 리스크를 감수하고 '**다'와 같은 형식으로 하나의 결론을 내린다.

❻베이즈 추정에서는 '양쪽 다 가능하지만 **의 가능성이 더 높다'라는 형식으로 양다리 걸친 결론을 도출한다.

　　세상에는 '덜렁대는 사람'과 '진중한 사람'이 있다. 다음 괄호를 적절히 채우시오.

(1) '덜렁대는 사람'은 반드시 실수를 하고 '진중한 사람'은 절대 실수를 하지 않는다고 가정하자. 지금 신입사원 A가 실수를 했다면 논리적 추론으로부터 A의 타입은 (　　　)다.

(2) '덜렁대는 사람'은 실수가 잦고 '진중한 사람'은 대체로 실수를 하지 않는다고 가정하자. 지금 신입사원 B씨가 실수를 하지 않았다면 베이즈 추정에서는 B의 타입은 (　　　)일 수도 있고 (　　　)일 수도 있지만, (　　　)일 가능성이 더 클 것이라고 판단한다.

명쾌하고 엄밀하지만 쓸 데가 한정된 네이만–피어슨 식 추정

네이만–피어슨 식 추정으로 단지 문제를 풀어보자

전 강의의 확률적 추론 문제를 되짚어보자.

눈앞에 단지가 하나 있는데, 단지 A 혹은 B 중 하나임은 알고 있지만 겉으로 봐서는 어느 쪽인지 알 수 없다. 단지 A에는 흰 공 아홉 개와 검은 공 한 개가 들어 있고, 단지 B에는 흰 공 두 개와 검은 공 여덟 개가 들어 있다는 지식을 가지고 있다. 이때 단지에서 공을 한 개 꺼냈더니 검은 공이었다. 눈앞에 있는 단지는 어느 단지일까?

단지에 대해 가지고 있는 지식은 앞서 다음의 네 가지로 정리했다.

사실1 A 혹은 B

사실2' A라면 대체로 흰 공

사실3' B라면 대체로 검은 공

사실4 검은 공(흰 공이 아니다)

위 사실들을 이용한 추정에서는 사실2'와 사실3'에 '대체로'라는 말이 들어가 있기 때문에 논리적 추론은 쓸 수가 없었다. 그런데 여기에

한 가지 판단을 추가하면 논리적 추론과 거의 같은 경로를 거쳐 추정을 실시할 수 있다.

그 한 가지 판단이란 **'대체로'라는 확률적 수치가 일정 기준만 만족한다면 잘못된 판단을 할 리스크는 각오한다**는 판단이다.

예컨대 열 번에 한 번 정도, 즉 10%의 확률로 잘못된 결론을 내리는 것은 어쩔 수 없으니 눈감아 주는 것으로 판단을 했다고 하자. 그러면 다음과 같이 추론을 할 수 있다.

먼저 가령 A라고 가정하자. 그리고 사실2'에서 흰 공이라고 결론짓자. 단 이 결론이 '절대적으로 옳은 것'은 아니다. 이 결론이 잘못되었을 확률은 10%다. 단지A에서 꺼낸 공이 검정색일 확률이 0.1이기 때문이다.

불과 10%나마 틀릴 가능성이 있는 이 결론 '흰 공이다'와 사실4를 합하면 모순이 일어난다. 따라서 가정에 있는 A가 부정되고, 'A가 아니다'라는 결론이 도출된다. 이것을 통계학의 전문용어로 **'가설A는 기각된다'**고 말한다. 마지막으로 사실1과 이 'A가 아니다'를 바탕으로 B라는 결론이 난다.

이상이 표준 통계학(네이만-피어슨 통계학)의 추정 논리다.

포인트가 되는 부분은 **'대체로'를 의미하는 확률 10%를 판단을 그르칠 리스크로서 받아들였다**는 사실이다. 따라서 지금 내린 판단 '단지B다'가 맞는지 틀리는지 그 자체는 알 수 없지만 **이 방법으로 계속 추정해 나가면 불과 10%의 확률이기는 하나 잘못된 결론을 내리게 된다.** 즉 '단지A임에도 단지B라고 결론짓는' 일이 발생한다.

전 절에서 설명한 확률적 추론 방법은 표준 통계학(네이만–피어슨 통계학)에서 말하는 **'가설검정(假說檢定)'** 방법에 해당한다. 이 책은 네이만–피어슨 통계학을 해설하는 책이 아니므로 그렇게까지 깊이 들어가지는 않겠지만(필요한 독자는 졸저 《세상에서 가장 쉬운 통계학 입문》을 참고하기 바란다), 대략적인 가설검정의 수순을 살펴보면 다음과 같다.

가설검정의 수순

1단계 : 검정하려는 가설 A를 세운다. 이 가설 A를 **'귀무가설'**이라 부른다.

2단계 : A가 아닌 경우에 결론지을 B를 준비한다. 이 가설 B를 **'대립가설'**이라 부른다.

3단계 : A가 옳다는 가정하에, 작은 확률 α로밖에 관측되지 않는 현상 X를 생각한다.

4단계 : 현상X가 관측되었는가를 확인한다.

5단계 : 현상X가 관측된 경우 귀무가설 A가 틀렸다고 판단하여 **귀무가설 A를 기각**하고 대립가설 B를 채택한다.

6단계 : 현상 X가 관측되지 않는 경우에는 **귀무가설 A를 기각할 수 없으며** 귀무가설 A를 채택한다.

이상의 프로세스를 요약해 보면, 'A가 옳을 경우 α라는 낮은 확률로밖에 일어나지 않는 현상이 실제로 관측되었을 때, A가 원래 잘못된 것이라고 판단하여 가설 A를 버린다. 관측되지 않았을 때는 버릴 이유가 없으므로 유지한다.' 여기서 귀무가설 A를 기각할 것인가의 기준이 되는 확률 α는 전문용어로 '**유의수준**'이라 부른다. α의 확률로 일어나는 현상이 관측되면 가설을 버리게 되므로, '올바른 가설 A를 잘못하여 버릴' 확률이 곧 α가 된다. 즉 이 방법으로 계속 추정해 나가다 보면 α의 비율로 판단을 잘못 내리게 됨을 의미한다.

이상의 내용을 전절의 단지 예에 적용해 보자.

먼저, 귀무가설은 '단지 A다'이다. 대립가설은 당연히 '단지 B다'가 된다. 그리고 유의수준 α를 0.1로 설정하면 단지 A로부터 검은 공이 나오는 것을 관측할 확률은 α가 된다. 그리고 검은 공을 관측함으로써 귀무가설 A는 기각되고 대립가설 B가 채택된다. 이는 전절에서 해설한 확률적 추론의 프로세스와 완벽히 일치한다.

6-3 가설검정에서는 판단을 내리지 않는 사례도 있다

가설검정은 논리적 추론과 비교해 봐도 거의 같은 발상에 입각한 상당히 명쾌한 방법론이라 할 수 있다. 실제로 현대에는 이 방법이 널리 이용되고 있다. 단, 여기서 핵심은 유의수준 α이며 이를 몇으로 설정할 것인가가 중요한 문제가 된다.

유의수준 α는 '거의 관측되지 않을 것 같은 현상'의 확률을 뜻하기 때문에 당연히 그 값을 작게 설정한다. **보통은 5%(0.05) 또는 1%(0.01)로 설정한다.** 단, 5%(0.05) 혹은 1%(0.01)로 설정하는 것에는 과학적 근거가 없다.

속성! 베이즈통계학의 에센스를 이해한다

그런데 유의수준을 5%(0.05) 또는 1%(0.01)로 설정하면, 맨 첫 절에서 해설한 확률적 추론은 가설검정의 기준에 합치되지 않는다. 왜냐하면 가설 A(단지 A다)를 기각할 기준으로써 '검은 공이 나오는 것을 관측'하는 현상을 이용하는데, 이 확률은 10%라 유의수준인 5%보다 훨씬 크기 때문이다. 마찬가지로 가설 B를 귀무가설로 해도 가설검정에 합치하지 않는다. 이 경우는 흰 공이 나오는 사건을 현상 X로 두어야 하지만 이것도 20%의 확률이므로 유의수준을 충족하지 못하기 때문이다.

① 표준 확률적 추론은 네이만–피어슨 통계학에 따른 것이다.

② 먼저 귀무가설과 대립가설을 설정한다.

③ 유의수준 α를 설정한다. 보통은 α = 0.05 혹은 α = 0.01.

④ 귀무가설하에서 유의수준 α이하로만 관측되는 현상 X에 주목한다.

⑤ 현상 X가 관측되었다면 귀무가설을 기각하고 대립가설을 채택한다.

⑥ 현상 X가 관측되지 않았다면 귀무가설을 채택한다.

⑦ 가설검정은 유의수준 α의 확률로 잘못될 수 있는 리스크를 가지고 있다.

지금 단지가 A나 B 중 어느 한쪽임을 알고 있다. 단지 A에는 흰 공 96개와 검은 공 네 개가 들어 있다. '단지 A다'를 귀무가설로 잡고 '단지 B다'를 대립가설로 잡는다. 이때 단지에서 공을 한 개 꺼냈더니 검은 공이었다. 맞는 것에 동그라미를 치시오.

(1) 유의수준이 5%(0.05)일 때 가설검정의 결론은
     파기 (된다 / 되지 않는다).
(2) 유의수준이 1%(0.01)일 때 가설검정의 결론은
     파기 (된다 / 되지 않는다).
(3) (2)의 상황에서 꺼낸 검은 공을 단지에 다시 넣고 새로 공을 한 개 꺼냈더니 이번에도 검은 공이었다. 이때 가설검정의 결론은 파기 (된다 / 되지 않는다).

7

베이즈 추정은 적은 양의 정보로 그럴듯한 결론을 이끌어 낸다

» 네이만 · 피어슨 식 추정과 다른 점

7-1 베이즈 추정으로 단지 문제를 푼다

앞의 강의에서는 단지 문제를 확률적 추론의 표준인 네이만-피어슨 통계학으로 푸는 방법을 소개했다. 바로 가설검정이라는 방법이었는데, 유의수준을 10%로 설정해도 된다면 '검은 공을 관측한' 사실로부터 '단지는 B일 것이다'라는 결론을 도출했다. 단, 이와 같은 방법을 되풀이하는 한 10%의 확률로 잘못된 판단을 내리게 됨을 각오해야 한다는 것도 확인했다. 또한 유의수준을 일반적인 수준인 5% 또는 1%로 설정한다면, 애당초 이 문제를 공 한 개만 관측하는 가설검정으로는 판단이 불가능하다는 점에 대해서도 이야기했다.

한편, 베이즈 추정을 사용하면 이미 제4강까지 공부한 것과 같은 방법에 따라, 단지 문제에 확률적 추론을 적용할 수가 있다. 그리고 이때 **유의수준과 같은 개념은 필요치 않다.** 그럼 이제부터 단지 문제를 베이즈 추정을 통해 풀어보기로 하자.

7-2 단지 A와 단지 B를 타입으로 설정한다

먼저 문제설정을 다시 보자.

> † 문제설정
>
> 눈앞에 단지가 하나 있는데, 단지 A나 B 중 하나임은 알고 있지만 겉으로 봐서는 어느 쪽인지 알 수가 없다. 단지 A에는 흰 공 아홉 개와 검은 공 한 개가 들어 있고, 단지 B에는 흰 공 두 개와 검은 공 여덟 개가 들어 있다는 정보를 가지고 있다. 이때 단지에서 공을 한 개 꺼냈더니 검은 공이었다. 눈앞에 있는 단지는 어느 것일까?

먼저 해왔던 대로 타입을 설정한다. 판단해야 할 것은 눈앞의 단지가 A인가 B인가 이므로 타입의 설정은 당연히 A와 B가 된다.

다음으로 **사전확률을 설정**해야 하는데, 눈앞의 단지가 A인지 B인지 알 수가 없고 또 어느 쪽에 더 가까울지도(공을 관측하기 전에는) 모르기 때문에 **'이유 불충분의 원리'**를 쓰는 수밖에 없다. 즉 A일 사전확률과 B일 사전확률을 모두 0.5씩으로 설정한다. 따라서 가능세계를 나타내는 직사각형은 **도표 7-1**과 같이 2등분된다.

도표 7-1 이유 불충분의 원리에 따른 사전분포

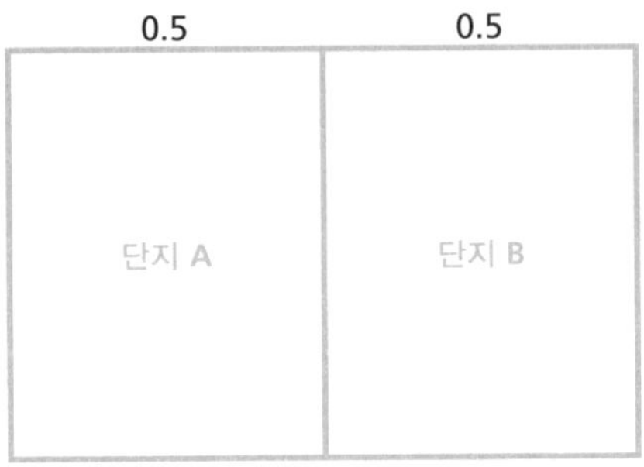

다음으로 각 타입에 의존하여 검은 공·흰 공이 나올 조건부 확률을 설정한다. 단지가 A일 경우 검은 공일 조건부 확률은 0.1, 흰 공일 조건부 확률은 0.9다. 한편 단지가 B일 경우 검은 공일 조건부 확률은 0.8, 흰 공일 조건부 확률은 0.2다. 이것을 그림으로 나타낸 것이 **도표 7-2**다. 세계는 네 개로 분기된다.

도표 7-2 조건부 확률의 설정

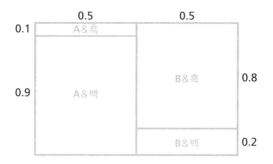

다음으로 네 가지 가능세계에 각각 확률을 기입하자. 확률은 직사각형의 면적임을 떠올리기 바란다(**도표 7-3**).

도표 7-3 네 가지 가능성에 대한 확률 계산

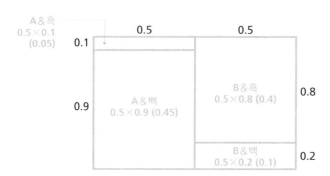

관측된 공의 색이 검정이므로 흰 공이 속한 세계를 소거하자. 그것이 **도표 7-4**다. 검은 공이 관측된 두 개의 세계로 한정된 이 그림에서 각 확률을 정규화하면 다음과 같다.

(단지가 A일 사후확률) : (단지가 B일 사후확률)

$$= 0.5 \times 0.1 : 0.5 \times 0.8$$

$$= 1 : 8$$

$$= \frac{1}{9} : \frac{8}{9}$$

즉 검은 공이 관측된 이후에는 단지가 A일 사후확률이 $\frac{1}{9}$ = 약 0.11이며, 단지가 B일 사후확률은 $\frac{8}{9}$ = 약 0.89가 된다. 후자가 전자보다 8배나 크므로 단지는 B라고 판단하는 것이 타당할 것이다.

도표 7-4   2가지 가능성이 소멸

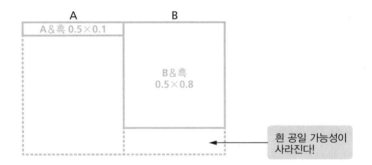

　　살펴 본대로 베이즈 추정에는 네이만-피어슨 통계학의 가설검정과 같은 유의수준의 설정이 없으므로 **어떤 환경에서든 '일단' 추정이 가능하다는 강점**이 있다. 단 네이만-피어슨 식과 같이 A와 B 어느 한쪽으로 판정을 내리는 것이 아니라 **양쪽의 가능성을 남겨둔 채 그 가능성의 비율 관계를 제시하는 것이 전부다.** 수치를 보고 판단을 내리는 일은 통계가의 몫으로 남겨진다. 그래서 베이즈 추정을 두고 '사장의 확률'이라고 부르기도 한다. 베이즈 추정은 사원에게 맡기고 보고 받은 수치를 보고 판단을 내리는 것은 사장의 재량이라는 의미에서다.

　　단지 문제의 경우 단지 A 속의 공 열 개 중에서 검은 공의 개수를 x, 단지 B 속의 공 열 개 중에서 검은 공의 개수를 y라 하면, 검은 공을 관측한 경우 다음과 같은 식을 만들 수 있다.

(A일 사후확률) : (B일 사후확률) = $x : y$

　　따라서 검은 공이 많이 들어 있는 단지 쪽의 사후확률이 커진다(앞서 설명한 예에서는 $x = 1$, $y = 8$). 이것은 **'검은 공을 관측했기 때문에 검은 공이 많이 든 쪽의 단지일 것이다'**라는 상당히 소박한 추론을 정당화하고 있다. 통계가는 $x : y$의 비율을 보고 'A일 것이다' 혹은 'B일 것이다' 혹은 '어느 한 쪽으로 결론을 내리는 것은 타당하지 않다' 중 하나의 판단을 내리면 되는 것이다.

가장 주의해야 할 것은 **베이즈 추정과 네이만–피어슨 식 추정에서 리스크의 의미가 완전히 다르다**는 점이다.

제6강에서 살펴보았듯이, 네이만–피어슨 식 추정에서는 유의수준이라는 것이 리스크의 지표가 된다. 예컨대 유의수준을 5%로 설정한 경우는 '같은 방법으로 가설검정을 되풀이하는 경우에 5%의 확률로 잘못된 결론을 내린다'는 것을 뜻한다. 다시 말해 5%라는 리스크는 '지금 내린 결론'에 대한 직접적인 평가가 아니다. 리스크는 어디까지나 사용하고 있는 방법론에 대한 것이며 '5%의 리스크가 있는 방법으로 내린 결론'이라는 간접적인 평가치가 된다.

한편 이번 강의에서 해설한 **베이즈 추정에 따른 결론에 대한 리스크 평가는 사후확률 그 자체가 된다**고 생각할 수 있다. 실제로 단지 추정의 예에서는 '단지 A일 사후확률'이 약 0.11로 산출되었기 때문에 '눈앞의 단지는 B일 것이다'라고 결론을 내리면 잘못된 결론일 확률이 약 0.11이된다. 이것은 방법론상의 리스크가 아니라 A라는 가능성과 B라는 가능성의 비가 1 : 8이라는 사실로부터 직접적으로 인정되는 리스크다.

비유하자면 가설검정의 리스크는 결론의 외측에 있으며 베이즈 추정의 리스크는 결론의 사후확률 그 자체에 있다고 할 수 있다.

또 하나 유의해야 할 점은 **베이즈 추정이 유의수준을 사용하지 않고 판정할 수 있는 것은 사전확률이라는 '수상한' 것을 설정하기 때문**이다. 앞에서 해설했듯이 사전확률이란 기본적으로는 '주관적'인 것이다. 즉 '…라는 확률이다'가 아니라 '…라는 확률이라고 믿는다', '일단 ……라는 확률이라 설정해 두자' 정도의 선이다. 따라서 이와 같은 사전확률하에서 추정되는 사후확률에는 **항상 자의성이 있으며 그 책임은 통계가의 판단으로 남는다.** 여기에서도 '사장의 확률'이라 불리는 까닭을 찾을 수 있다.

도표 7-5 단지에 대한 베이즈 갱신

A일 사전확률 = 0.5, B일 사전확률 = 0.5

▼

검은 공이 관측되었다

▼

A일 사후확률 = $\frac{1}{9}$ = 약 0.11, B일 사후확률 = $\frac{8}{9}$ = 약 0.89

7-5 논리적인 관점에서 본 베이즈 추정의 프로세스

마지막으로 제6강에서 설명한 논리적인 관점에서 베이즈 추정의 발상을 정리해 보자. 문제설정을 사실에 관한 지식으로 열거한 다음 네 가지 사항으로부터 베이즈 추정에서는 어떻게 추리를 해나가는지 살펴보자.

사실1 A 혹은 B.
사실2' A라면 대체로 흰 공.
사실3' B라면 대체로 검은 공.
사실4 검은 공(흰 공이 아니다).

먼저 사실2'로부터, A라고 가정하면 (A에 검은 공) 또는 (A에 흰 공)이 모두 가능하나 '대체로 후자'라는 결론이 도출된다. 마찬가지로 사실3'으로부터 B를 가정하면 (B에 검은 공)과 (B에 흰 공)이 모두 가능하나 '거의 전자'라는 것을 도출할 수 있다. 이것과 사실4로부터 (A에 흰 공)과 (B에 흰 공)이 사라지고 (A에 검은 공)과 (B에 검은 공)만 남는다.

전자는 가능성이 작고 후자는 가능성이 크다는 점을 감안하면, 후자인 (B에 검은 공)일 가능성이 강하다고 판단된다. (B에 검은 공)이라면 당연히 B는 성립하므로, B로 결론이 나는 그러한 논리 구조를 펴고 있다고 생각할 수 있다.

제 7 강의 정리

❶단지가 A인가 B인가를 타입으로 설정한다.

❷이유 불충분의 원리에 따라 A의 사전확률을 0.5, B의 사전확률을 0.5로 설정한다.

❸A에 든 검은 공의 조건부 확률을 0.1, 흰 공의 조건부 확률을 0.9로 설정하고, B에 든 검은 공의 조건부 확률을 0.8, 흰 공의 조건부 확률을 0.2로 설정한다.

❹관측된 공이 검은 공이라는 사실에 따라 흰 공일 가능성을 소거한다.

❺검은 공의 확률에 대해 정규화 조건을 복구한다.

❻A일 사후확률과 B일 사후확률이 구해지고, '대체로 B일 것이다'라는 결론을 내린다.

여기서는 단지 속의 공 구성을 조금 바꾸어 동일한 추정을 실시한다. 눈앞에 단지가 하나 있는데, 단지 A나 B 중 하나라는 것은 알고 있지만 겉으로 봐서는 어느 쪽인지 알 수가 없다. 단지 A에는 흰 공 여덟 개와 검은 공 두 개가 들어 있고, 단지 B에는 흰 공 세 개와 검은 공 일곱 개가 들어 있다는 사실을 알고 있다. 이때 단지에서 공을 한 개를 꺼냈더니 검은 공이었다. 사전확률을 반반으로 설정했을 때 'A다', 'B다'에 대한 사후확률을 다음 단계에 따라 구하고 단지가 A일지 B일지 판단하시오.

타입에 대한 사전확률에서, (가) = (   ) (나) = (   ) 가 된다.

정보에 대한 조건부 확률에서, (다) = (   ) (라) = (   )
                              (마) = (   ) (바) = (   )

분기된 네 가지 세계의 확률은, (사) = (   ) × (   ) = (   )
                          (아) = (   ) × (   ) = (   )
                          (자) = (   ) × (   ) = (   )
                          (차) = (   ) × (   ) = (   )

'검은 공'이 관측된 두 세계의 확률에 대해 정규화 조건을 충족시키면
(사) : (자) = (   ) : (   ) = (   ) : (   )

> 더해서 1이 된다

'검은 공'이 관측되었을 때 A일 확률 = (   )
'검은 공'이 관측되었을 때 B일 확률 = (   )
이상으로부터 단지는 (   )일 것이라고 결론짓는다.

베이즈 추정은
'최우원리'에 근거해 있다

» 베이즈통계학과 네이만-피어슨 통계학의 접점

8-1   베이즈통계학과 네이만-피어슨 통계학의 공통점

제5강에서 제7강까지는 표준 통계학(네이만-피어슨 통계학)과 베이즈통계학의 사고법의 차이, 논리의 차이에 대해 해설해 왔다. 이로써 두 가지 통계학에는 무시할 수 없는 차이가 있음을 알 수 있다.

특히 **베이즈통계학에서는 네이만-피어슨 통계학에서 설정하지 않는 사전확률이라는 것을 도입**했다는 사항이 눈에 띈다. 이것은 추정하려는 것의 원인으로 여겨지는 대상을 복수 상정하여, 각각에 대해 '그것이 일어날 가능성' 쯤으로 사전확률을 설정하는 것이었다.

그렇다면 이와 같은 발상은 베이즈통계학만의 고유한 것일까? 사실은 그렇지 않다. 네이만-피어슨 통계학에도 공통된 발상이 적용되어 있다. 이 강의에서는 그것을 확인해 보려고 한다. 특히 그 공통된 발상을 이해한다면 베이즈통계학의 사전확률에 대해 많은 사람이 느끼는 위화감이 다소 누그러질 것이다.

표준 통계학과 베이즈통계학에 공통된 발상이란 '최우원리'라 불리는 사고법이다.

'최우원리(最尤原理)'란 쉽게 말해서 **'세상에 일어나는 일은 일어날 확률이 큰 것이다'**라는 원리다.

예컨대 현상 X와 현상 Y중 어느 하나를 일으키는 원인으로 A와 B의 두 가지 원인을 지목했다고 치자. 원인 A하에서는 현상 X가 현상 Y보다 압도적으로 큰 확률로 일어난다고 하자. 반대로 원인 B하에서는 현상 Y쪽이 현상 X보다 압도적으로 큰 확률로 일어난다고 하자. 그런데 지금 현상 X가 관측되었다면 원인은 A와 B중 어느 쪽일까?

물론 양쪽의 가능성을 모두 생각할 수 있다. 그러나 **어느 쪽이냐고 묻는다면 A쪽이 원인일 것**이라고 생각하는 편이 타당할 것이다. 바로 이렇게 생각하는 발상이 최우원리다.

이러한 사고는 우리 일상생활에서도 종종 발휘된다. 예컨대 누군가가 어디에 물건을 두고 와 잃어버렸는데, 그것은 A나 B중 어느 한 사람이라고 치자. A씨는 물건을 자주 잃어버리는 사람이며 B씨는 그런 일이 거의 없는 사람이다. 이때 대개는 물건을 잃어버린 쪽이 A씨일 것이라고 추론할 것이다.

이처럼 최우원리는 우리에게 매우 익숙한 사고법이다. 따라서 이 원리는 많은 학문 분야에 이용되어 왔다. 특히 물리학 중에서도 통계물리

분야에서 뚜렷이 드러난다. 통계물리에서는 이 최우원리를 이용해 다양한 물리 현상을 해명하고 있다.

8-3 베이즈 추정은 최우원리에 근거하고 있다

이러한 최우원리가 베이즈 추정에서 이용되고 있음은 쉽게 알 수 있다.

제6강에서 다룬 단지의 추정을 떠올려보자. 단지 A에서는 흰 공이 관측될 확률이 매우 크다. 단지 B에서는 검은 공이 관측될 확률이 매우 크다. 그리고 검은 공이 관측되었기 때문에 '단지는 B일 것이다'라고 판정을 내렸다. 이것은 **결과의 확률을 가장 높이는 원인을 선택하고 있기** 때문에 실로 최우원리 그 자체다. 그런데 제7강에서 이 추정의 방법은 베이즈 추정의 원리와 완전히 똑같다는 사실을 설명했다.

실제로 **도표 7-4**를 다시 한 번 살펴보자. 사후확률을 도출할 때 본질적이었던 것은 (A&검은 공)의 확률과 (B&검은 공)의 확률에 대한 비교였다. 그 비는 A와 B의 사후확률의 비(1 : 8)가 되었다. 그리고 후자

도표 7-4 2가지 가능성이 소멸

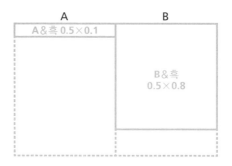

속성! 베이즈통계학의 에센스를 이해한다

가 압도적으로 큰 확률이라는 점에서 '단지 B일 것이다'라는 결론이 도출되었다. 이것은 검은 공이라는 현상이 관측될 확률을 크게 만드는 원인 B가 선택된 것과 마찬가지다. 즉, 최우원리가 이용되었다는 뜻이다.

제3강에서 '이유 불충분의 원리'를 사용한 베이즈 추정의 예를 되짚어 보면 다음과 같았다.

● 사후확률은 (사전확률) × (조건부 확률)에 비례

따라서 사전확률이 크거나 조건부 확률이 큰 원인으로 선택되기가 쉽다. 이는 그야말로 최우원리 그 자체다.

8-4 네이만–피어슨 통계학도 최우원리에 근거하고 있다

그렇다면 표준 통계학(네이만–피어슨 통계학)도 최우원리가 관계되어 있을까? 실제로 추정 그 자체가 아니라 **통계적 추정을 입증**하는 데 **도입**하고 있다.

'통계적 추정의 입증'이란, 통계학에서 무언가에 대한 추정을 할 때 **'왜 그렇게 생각하는가', '그렇게 생각하는 것이 어떤 이점을 가져다주는 가'**를 **설명**하는 것을 말한다. 여기서는 **'점추정'**이라 불리는 통계적 추정을 예로 알아보자.

하루에 한 번 일어나거나 혹은 일어나지 않는 어떤 현상이 있다고 하자. 가령 '손님의 총인원이 100명을 넘는' 현상을 생각해 보자. 현상이 일어날 확률을 p라고 한다. 당연히 일어나지 않을 확률은 $1 - p$가 된다. 이 현상을 10일 동안 관측한 결과 10일 중 4일간 일어났고, 나머지 6일간은 일어나지 않았다. 이때 확률 p는 몇이라고 추정할 수 있을까?

이에 대해서는 '10일 중 4일 일어났으니 확률 $p = 4 \div 10 = 0.4$일 것이다'라고 추정하는 것이 가장 일반적이리라. 이것은 통계학의 입장에서 말하면 '일어난 횟수의 평균치'를 구해 그것을 p라는 추정치로 만든 것과 동일하다. 실제로 일어난 일을 수치 1로 나타내고, 일어나지 않은 일을 수치 0으로 나타낸다면, 관측치는 1이 네 개, 0이 여섯 개가 된다. 이것을 더해 전체 횟수인 10으로 나누면 평균치는 0.4다.

의문점은 '왜 일어난 횟수의 평균치를 현상이 일어난 확률 p의 추정치로 잡는가'다. 잘 생각해 보면 '몇 번 중에 몇 번 일어났다'는 사실과 '일어날 확률'이라는 것이 직접적으로 연결되어 있지는 않다. 사실은 이를 입증하는데 최우원리가 사용된 것이다.

여기서 일어날 확률이 p인 현상에 대해 '이 현상이 10회 중 딱 4회 일어날 확률' L을 p의 식으로 나타내 보자. 계산의 구조에 대해서는 제10강에서 확인해 보기로 하고 여기서는 결과만 알아보기로 한다.

(10회 중 딱 4회, 이 현상이 일어날 확률) L

$$= 210 \times p^4 \times (1 - p)^6$$

이 된다. 확률 p값을 변화시켜갈 때 확률 L이 어느 정도의 수치가 되는가를 표계산 프로그램으로 계산해 보자. 확률 p를 가로축으로, 확률 L의 수치를 세로축에 두고 위 관계를 그래프로 만든 것이 **도표 8-1**이다.

예컨대 $p = 0.2$일 때 $210 \times 0.2^4 \times 0.8^6$을 계산하면 L = 약 0.088이 되며, 그것은 0.2 부분의 그래프의 높이가 된다. 이것을 보면 $p = 0.4$일 때 L값이 가장 커진다는 것을 알 수 있다. 즉, 평균치인 0.4를 p로 설정

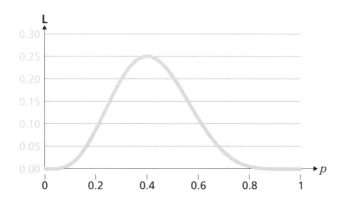

한 경우에 관측된 결과(10회 중 4회 일어났다는 결과)의 확률 L이 가장 커지는 것이다. 이에 따라 통상 통계적 추정에서는 $p = 0.4$라고 추정한다. 그리고 0.4를 p의 '**최우추정량**'이라 부른다. 여기에 최우라는 말이 사용된다는 것을 봐도 이 방법에 최우원리가 적용되어 있음은 명백하다. 실제로 원인이 $p = 0.2$일 때 결과 L의 확률은 L = 약 0.088이고 원인이 $p = 0.4$일 때 결과 L의 확률은 L = 약 0.25이므로, 결과의 확률을 크게 하는 $p = 0.4$쪽이 더 그럴듯하다고 보는 것이다.

최우추정량이 평균치가 되는 것은 이 예에서만 나타난 우연이 아니다.

N회 관측하여 x회 일어난 경우 최우추정량이 x ÷ N이 된다는 사실은 간단하게 증명할 수 있다(미분법을 사용한다). 즉, **최우원리는 평균치라는 통계량과 연결되어 있다**는 뜻이다.

여기서 확률 p를 움직인다는 것은 현상이 일어나는 원인(타입)에 사전분포를 설정하고 그것을 변화시키는 것과 매우 흡사하다. 따라서 이 최우추정량이라는 사고법은 베이즈 추정의 발상과 공통되는 것이라고 이해할 수 있다.

이와 같이 최우원리를 가교로 삼으면 표준 통계학과 베이즈통계학에 공존하는 **공통된 사상이 있음**을 알 수 있다.

제 8 강의 정리

① 최우원리란 관측된 현상이 일어날 확률이 가장 커지는 원인을 채용하는 원리다.

② 베이즈통계학의 사전확률은 최우원리를 응용한 한 가지 형태라고 볼 수 있다.

③ 표준 통계학의 점추정에서는 관측된 현상의 확률을 최대한으로 하는 함수를 추정치로서 채용한다. 이것도 최우원리를 응용한 것이다.

④ 표준 통계학과 베이즈통계학에는 최우원리라는 공통된 사상이 내재해 있다.

압정을 던져서 침이 위를 향하는가, 평탄한 면이 위를 향하는가를 실험했다. 3회 던진 결과, 침이 위를 향한 것이 2회, 평탄한 면이 위를 향한 것이 1회였다. 최우원리를 전제로 다음 괄호를 채우시오.

침이 위로 향할 확률을 p로 둔다. 이때

> (침이 위로 향하는 횟수가 2회, 평탄한 면이 위로 향하는 횟수가 1회일 확률)
> $= 3p^2 \times (1 - p)$

가 된다. 이때 $p = 0.4$와 $p = 0.7$ 중 어느 쪽이 가능성 있어 보이는지 판정한다. 가령 $p = 0.4$라고 하면

> (침이 위로 향하는 횟수가 2회, 평탄한 면이 위로 향하는 횟수가 1회일 확률)
> $= 3 ($ $)^2 \times ($ $) = ($ $)$ ······❶

가령 $p = 0.7$이라고 하면

> (침이 위로 향하는 횟수가 2회, 평탄한 면이 위로 향하는 횟수가 1회일 확률)
> $= 3 ($ $)^2 \times ($ $) = ($ $)$ ······❷

여기서 ❶과 ❷를 비교하면 (   )쪽이 크므로 어느 쪽인지 물었을 때 최우원리에 의해 $p = ($)쪽이 그럴듯하다고 판단한다.

베이즈 추정은 때로 직감에 크게 반한다❷

» 몬티 홀 문제와 세 죄수 문제

9-1 베이즈 역확률의 패러독스

제5강에서 제8강까지는 확률적 추론으로써의 베이즈 추정이 어떤 논리 구조를 가지고 있는가에 대해 다소 철학적인 성격을 띠는 해설을 해왔다. 그에 대한 결말로써, 이번 강의에서는 베이즈 추정에 얽힌 패러독스에 대해 이야기해 보려 한다.

베이즈 추정은 잘 알려진(고교생이 배우는) 확률의 공식을 이용하는 것이 전부로 그렇게 대단히 새로운 것이 아니다. 그러나 이용하고 있는 사전확률에 주관성이 결부된다는 의미에서는 **수학과 철학과의 경계선상의 이론**이라 할 수 있다. 그 증거로 특수한 설정 속에서 베이즈 추정을 사용하면 우리의 상식적인 감각에 반하는 결과가 도출된다. 그것은 마치 패러독스(역설)처럼 보이기도 한다.

이번 강의에서는 베이즈 추정에 얽힌 두 가지 패러독스를 소개하고, 이를 통해 통상과는 반대 방향에서 베이즈 추정에 관한 감각을 익혀보기를 바란다.

몬티 홀 문제는 베이즈 추정에 얽힌 패러독스 중 가장 유명한 것이다. 문제설정은 다음과 같다.

---

† 몬티 홀 문제

당신은 세 커튼 A, B, C 앞에 서 있다. 세 커튼 중 어느 하나의 뒤에 상품인 자동차가 숨겨져 있다. 당신은 이 세 커튼 중 하나를 골라 그곳에 자동차가 숨겨져 있으면 그것을 상품으로 받을 수 있다. 이때 당신이 커튼 A를 고르자 사회자는 선택되지 않은 커튼 중 B를 열어 보이면서 "여기에는 자동차가 없습니다"라고 말한다. 그리고 "남은 커튼은 당신이 선택한 A와 내가 열지 않은 C, 이렇게 두 가지입니다. 당신은 지금이라도 커튼을 바꿔 선택할 수 있는데, 어떻게 하시겠습니까?" 하고 묻는다. 당신은 C 커튼으로 선택을 바꾸어야 할까?

이것은 실제로 미국 텔레비전 프로그램에서 시청자 참가 게임으로 진행되었던 것을 소재로 한 문제인데, 그런 까닭에 사회자 몬티 홀 씨의 이름을 따 몬티 홀 문제라고 불린다. 몬티 홀 '문제' 혹은 몬티 홀 '패러독스'라 불리는 이유는 그 답이 의외이기 때문이다.

실제로 이 문제에서 '옳다'고 여겨지는 해답은 '**다른 커튼으로 선택을 바꿔야 한다**'는 것이다. 그 이유는 '**커튼 C 뒤에 자동차가 숨겨져 있을 확률이 A보다 커지기 때문**'이다.

그러나 많은 사람이 '하나의 커튼이 열렸으니 자동차가 숨겨져 있을 가능성이 있는 커튼은 두 개가 되었기 때문에 자동차가 숨겨져 있을 확률은 반반이며, 어느 쪽을 선택하든 확률은 달라지지 않는다'고 생각하

여 이 해답에 이론을 표명한다. 실제로 미국에서도 이 해답을 둘러싸고 한바탕 소동이 일었다.

이 '옳다'고 여겨지는 해답에 대한 자세한 소개는 잠시 후로 미루고, 먼저 또 다른 패러독스를 소개하고자 한다.

9-3 패러독스② 세 죄수 문제

다음에 소개할 세 죄수 문제는 몬티 홀 문제의 다른 버전이라 할 수 있는 문제다.

세 명의 죄수 알란, 버나드, 찰스가 있다(A, B, C로 약기할 수 있도록 붙여진 이름이다). 셋 중 두 명은 처형되고 한 명은 석방된다는 사실을 전원이 알고 있지만 누가 석방될지에 대해서는 알려지지 않았다. 이때 알란은 간수에 다음과 같이 말을 걸었다. '세 명 중 두 명은 처형될 테니 나를 제외하고 버나드나 찰스 중 한 명은 분명히 처형된다. 그렇기 때문에 그중 누가 처형될지를 가르쳐 줘도 내게는 득이 될 것이 없다.' 이 말을 들은 간수는 알란의 주장이 지당하다고 수긍하여 '버나드가 처형된다'고 가르쳐 주었다. 그러자 알란은 싱글거렸다. 왜냐하면 다음과 같이 생각했기 때문이다. '아무것도 모르는 상태에서 내가 석방될 확률은 3분의 1이었다. 그러나 버나드가 처형된다는 것을 안 지금, 나와 찰스 중 한쪽은 처형되고 한쪽은 석방된다. 따라서 내가 석방될 확률은 2분의 1로 올라갔다'고.

이 세 죄수 문제가 몬티 홀 문제와 같은 구조의 문제라는 사실을 알겠는가? 알란을 커튼 A, 버나드를 커튼 B, 찰스를 커튼 C로 생각하고, 석방되는 사람을 커튼 뒤에 자동차가 숨겨져 있는 것에 대응시켜 보자. 간수가 버나드가 처형될 것이라고 가르쳐 준 것은, 사회자가 커튼 B를 열어서 자동차가 없음을 보여준 것에 해당한다. 이때 커튼 A 뒤에 자

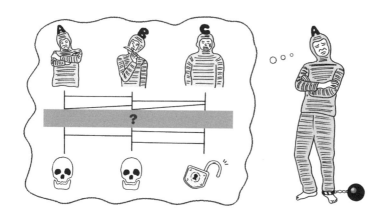

동차가 있다는 것이 알란이 석방되는 것에 대응한다.

　이 세 죄수 문제가 패러독스라고도 불리는 연유는 많은 이들이 알란의 이치가 좀 석연치 않다고 생각하기 때문이다. 간수가 알란이 아닌 처형될 사람의 이름을 가르쳐준 것만으로 알란이 석방될 확률이 오르거나 줄어든다는 것에 대해 어딘가 이상하다고 느낀다. 실제로 처형되는 것이 찰스라고 가르쳐 줘도 결과는 마찬가지다. 그렇다면 처형될 사람의 이름을 가르쳐줄 필요가 없으며, 알란은 자신이 석방될 확률을 2분의 1이라고 추정할 수 있다는 뜻이 된다.

　여기서 중요한 것은, 몬티 홀 문제와 세 죄수 문제는 동전 앞뒷면 관계에 있다는 점이다. 즉 한쪽의 해답에 수긍하지 못하면 다른 쪽 해답에는 수긍해야만 한다.

9-4　본질적으로는 같은 문제다

　두 문제에서 공통된 포인트는 **정보의 입수에 따라 확률이 달라진다**는 점이다. '정보에 의해 확률이 달라지는' 예는 지금까지 베이즈 추정의 원리로서 계속 언급해 왔다. 사전확률과 사후확률이 나타내는 바가 그것이었다. 반면 이 두 가지 문제에서는 그 정보에 따른 확률의 변화가 많은 사람의 직관에 반하는 형태로 이용되고 있다.

몬티 홀 문제에서는 게임 참가자가 커튼 A를 골랐을 때 커튼 A 뒤에 자동차가 숨겨져 있을 확률이 3분의 1임은 누구나가 인정할 것이다. 따라서 사회자가 커튼 B를 열어 보여 그곳에 자동차가 없다는 것을 알았을 때 자신이 고른 커튼 A 뒤에 자동차가 있을 확률이 달라지는가, 아니면 똑같은가, 그 부분이 문제다. 여기서는 다음과 같이 두 가지 방법으로 생각할 수 있다.

사고법 그 첫 번째 : 커튼 A와 커튼 C 둘 중 하나가 될 것이므로 확률은 반반이 된다. 따라서 커튼 A에 자동차가 숨겨져 있을 확률은 3분의 1에서 2분의 1로 상승한다.

사고법 그 두 번째 : 커튼 B에 자동차가 없다는 사실을 알아도 커튼 A에 자동차가 있을 확률은 달라지지 않는다. 따라서 그 확률은 그대로 3분의 1이다. 이것은 커튼 C에 자동차가 있을 확률이 3분의 1에서 3분의 2로 상승했음을 뜻한다.

이 두 가지 사고법 중 많은 이들은 첫 번째를 택한다. 포인트는 확률이 양쪽 모두 달라지는가, 아니면 C만 달라지는가에 있다. B일 가능성이 소멸됨에 따라 A와 C의 확률이 적어도 한쪽은 당연히 달라져야 하지만(정규화 조건), 그것이 한쪽에만 적용되느냐 양쪽에 모두 적용되느냐가 문제다.

이를 세 죄수 문제로 생각해 보자. 알란이 간수에게 처형에 대한 정보를 구할 때의 이치는 '버나드나 찰스 중 어차피 어느 한쪽은 처형될 것이므로 처형되는 쪽의 이름을 알려준들 내게는 이득이 없다'는 것이었다. '내게는 이득이 없다'란 '자신에 대한 확률은 달라지지 않는다'는 의미로 파악할 수 있을 것이다. 여기에 위에서 언급한 두 가지 사고법을 적용해 보자.

제9강

사고법 그 첫 번째: 석방되는 것은 A나 C 둘 중 하나임이 정해졌으므로 확률은 반반이 된다. 따라서 A가 석방될 확률은 3분의 1에서 2분의 1로 올라간다.

사고법 그 두 번째: B가 처형된다는 사실을 알게 되어도 A가 석방될 확률에는 변함이 없다. 따라서 그 확률은 그대로 3분의 1이다. 이것은 C가 석방될 확률이 3분의 1에서 3분의 2로 상승했음을 뜻한다.

알란은 두 번째 사고법에 근거하여 간수로부터 정보를 얻어내고는 정작 자신은 첫 번째 사고법을 적용하여 기뻐한 것이다.

이상에서 알 수 있듯이 만일 많은 사람이 몬티 홀 문제에서 첫 번째 방식으로 생각한다면, 세 죄수 문제에서도 첫 번째 방법을 채용하게 되므로 알란처럼 기뻐해야 한다. 반대로 세 죄수 문제에서 알란이 기뻐한 이치가 이상하다고 생각한다면 두 번째 방식으로 생각한 것이므로, 몬티 홀 문제에서도 커튼을 바꿔 고르는 전략을 취해야 맞다.

그런데 많은 문헌에서는 두 번째 사고법이 옳다고 판단한다. **'선택자 자신에 대한 확률은 달라지지 않으며 선택자가 관여하지 않는 측의 확률이**

변화한다'는 설명이 대다수다. 이를 설득하는 이치 중 그럴 듯해 보이는 설명이 웹상에서 눈에 띄어 그 내용을 소개한다.

　많은 양의 복권 중에서 당신이 한 장을 뽑았다고 하자. 그리고 사회자가 남은 방대한 양의 복권 중 한 장만 뺀 나머지는 모두 찢어버리면서 '내가 지금 찢은 복권 중에는 1등이 없다'고 말했다. 당신은 남은 한 장으로 갈아타야 할까, 아니면 처음에 선택한 한 장을 그대로 갖고 있어야 할까?

　이 상황에서라면 많은 이들이 분명 '갈아타는 편이 유리하다'고 생각할 것이다. 왜냐하면 당신이 맨 처음 한 장을 뽑은 시점에서 당신이 1등 당첨 복권을 뽑았을 확률은 상당히 낮기 때문이다. 반면 사회자의 손에 있는 방대한 양의 복권 중에 1등의 복권이 있을 확률이 압도적으로 클 것이다. 그런데 이제 사회자 수중에 있던 1등이 아닌 복권이 모두 사라지고 한 장만 남게 되었으니 그 남은 한 장이 1등일 가능성이 압도적으로 높다고 짐작할 수 있다.

　이 이치에 따르면 정보에 의해 확률이 달라지는 쪽은 당신이 선택한 쪽이 아니라 당신이 선택하지 않은 쪽이라는 뜻이 된다.

　상당히 그럴싸한 설명인 것 같지만 필자는 이 설명을 몬티 홀 문제를 풀 때 적용하는 것에 수긍할 수 없다. 왜냐하면 이것은 커튼의 수를 극단적으로 늘린 모델이라 세 커튼 선택의 문제와는 다른 모델이기 때문이다. 말하자면 '일종의 비유'에 지나지 않으며 과학적인 논의라고는 볼 수 없다. 본래 여기에서 다루는 확률은 주관적인 것이며 전통적인 과학에 근거하는 입장에서의 정답이란 존재하지 않는다. 왜냐하면 당신이 한 장을 고른 시점에서 그 복권이 1등이거나 그렇지 않음은 이미

결정되며, **변화하는 것은 '당신의 주관적인 추측치'**이기 때문이다. 주관이므로 정답은 유일하다고 단정할 수 없다.

이하에서는 주관확률에 대한 대표적인 이론인 베이즈 추정을 사용하여 이 문제에 접근해 보기로 하자.

9-5 베이즈 추정으로 패러독스에 접근한다

그렇다면 베이즈 추정을 사용하여 접근해 보기로 하자. 어느 쪽 문제나 마찬가지이므로 여기서는 몬티 홀 문제를 풀어보기로 한다.

먼저 타입과 사전확률을 설정한다.

A, B, C를 각각 '커튼 A에 자동차', '커튼 B에 자동차', '커튼 C에 자동차'로 약기하자. 당신은 이 중 하나의 세계에 직면해 있으므로 세계는 세 가지 가능 세계로 분기된다. 사전확률은 모두 대등하게 3분의 1로 설정하는 것이 무난할 것이다(**도표 9-1**).

도표 9-1 이유 불충분 원리에 따른 사전분포

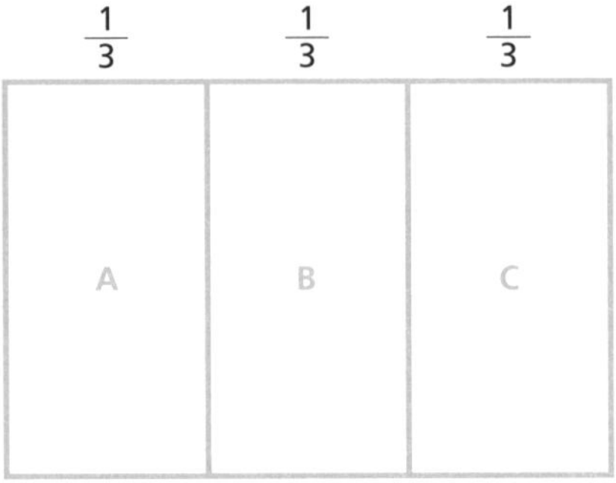

문제는 다음에 조건부 확률을 어떻게 설정할 것인가이다. 당신이 커튼 A를 골랐을 때 사회자가 B와 C중 어느 쪽을 열 것인가에 대해 조건부 확률을 설정해야 한다. 이에 관한 표준적인 설정은 다음과 같다.

† 조건부 확률의 설정

만일 A에 자동차가 있다면 사회자는 B와 C를 대등한 확률, 즉 각각 2분의 1의 확률로 연다. 만일 B에 자동차가 있다면 1의 확률로 C를 연다. 만일 C에 자동차가 있다면 1의 확률로 B를 연다.

이 설정을 적용하여 B를 여는 경우를 'B열기'로 표시하기로 하고 조건부 확률을 도입하면 그림은 다음과 같이 네 개로 분기된 세계가 된다(도표 9-2).

도표 9-2　조건부 확률의 설정

그런데 이때 당신은 사회자가 B를 연 행위(B열기)를 보고 B에 자동차가 없음을 알게 되었다. 즉 C를 열지 않았으므로 (A&C열기)와 (B&C열기)의 두 세계는 소멸된다. 따라서 남는 그림은 다음과 같다(도표 9-3).

도표 9-3 　일어날 가능성이 없는 세계의 소거

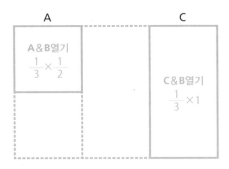

이 그림에서 정규화에 따라 사후확률을 구하면

(A일 사후확률) : (C일 사후확률)

$$= \frac{1}{3} \times \frac{1}{2} : \frac{1}{3} \times 1$$

$$= 1 : 2$$

$$= \frac{1}{3} : \frac{2}{3}$$

이로써 자동차가 커튼 A뒤에 있을 확률은 3분의 1, C뒤에 있을 확률은 3분의 2가 된다. 따라서 이 추정 결과를 믿는다면 당신은 다른 커튼으로 선택을 바꿔야 한다는 결론이 나온다.

세 죄수 문제에서 동일한 모델에 의해 베이즈 추정을 하면 알란이 석방될 확률은 3분의 1, 찰스가 석방될 확률은 3분의 2가 된다.

이 결과를 철학적으로 해석한다면 **'사회자나 간수가 질문자에 관련된 정보를 주지 않았으므로 질문자에 대한 사후확률은 바뀌지 않는다'**고 느끼게 될 것이다. 그러나 이것은 '해석' 혹은 '인상'에 불과할 뿐, 진실인가 아닌가에 대한 판단은 어려울 것임에 틀림없다. 어디까지나 철학적인 해석이라는 뜻이다.

9-6 모델의 설정 자체로 결론이 달라진다

그렇다면 몬티 홀 문제에서 '선택을 바꿔야 한다'는 결론은 강철 같이 견고한 결론일까? 사실 필자는 그렇게 생각하지 않는다. A의 사후확률이 3분의 1이며, C의 사후확률이 3분의 2라는 결과는 당연히 **모델의 설정에 의존**해 있기 때문이다.

물론 사전확률로 A, B, C 전체에 3분의 1씩 할당한 방식에는 이의가 없다. 문제는 **사회자가 연 커튼에 대한 조건부 확률의 설정에 자의성이 있다**는 점이다. '자의성'이라는 말이 비판적으로 들린다면 '모델을 어떻게 설정할 것인가'로 바꿔 말해도 좋다.

앞의 모델에서는 커튼 A 뒤에 자동차가 숨겨져 있는 경우에 사회자가 반반의 확률로 B 또는 C를 연다고 했다. 그러나 반드시 이렇게 판단해야 한다는 근거는 없다. 실제로 커튼 C 뒤에 자동차가 있을 경우라면 사회자는 커튼 B를 여는 것 이외에는 선택지가 없기 때문에 곧바로 커튼 B를 열 것이다. 그러나 커튼 A 뒤에 있을 경우, 선택지는 B와 C 두 가지가 되기 때문에 어느 쪽을 열까 하고 사회자가 순간 망설인다 해도 이상할 것이 없다. 그 순간의 망설임을 게임 참가자가 간파한다면 게임 참가자는 그것을 힌트로 자동차가 있는지를 알 수가 있다. 이런 상황을 피하려면 사회자는 '어디에 자동차가 있을 때 어느 커튼을 열 것인가를 사전에 정해두고 그것을 연습하는 것'이 득책이다.

예컨대 '게임 참가자가 커튼 A를 고른 경우, A에 자동차가 숨겨져 있을 때는 B를 연다'고 미리 정해 두었다고 하자. 그렇다면 도표 9-2는 다음과 같이 바꿔 그려야 한다(**도표 9-4**).

도표 9-4   조건부 확률의 설정

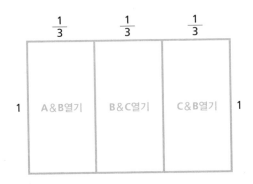

이와 같이 조건부 확률을 할당하는 모델을 생각했을 때는 결론이 달라진다(**도표 9-5**).

그림 9-5   일어날 가능성이 없는 세계의 소거

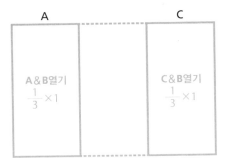

도표 9-5에서 알 수 있듯이 A와 C의 사후확률은 대등해지므로 양쪽 모두 2분의 1이 된다. 이것은 첫 번째 사고법의 결론과 일치한다.

속성! 베이즈통계학의 에센스를 이해한다

이 모델에 다음과 같은 비판을 하는 것은 가능하다. '게임 참가자가 커튼 A를 고른 경우, A에 자동차가 숨겨져 있을 때는 C를 연다'는 모델도 설정이 가능할 것이다. 이 경우는 거꾸로 반드시 C로 선택을 바꿔야 한다고. 이 비판을 진지하게 받아들인다면, 어느 쪽도 판단할 수 없기 때문에 역시 B와 C를 대등하게 다루어야 한다고 생각하는 편이 좋을지도 모른다. 그러나 이것은 **'이유 불충분의 원리'를 조건부 확률에까지 확장하는 것과 같은 사고법**으로, 통상의 베이즈 추정으로부터는 다소 벗어난 추론이 될 것이다.

요컨대 **확률적 추론이라는 것은 어디까지나 확률 현상의 원리를 어떻게 상상할 것인가 하는 '주관'에 의존하므로 모델을 어떻게 설정하느냐에 따라 결론이 달라진다.** 따라서 확률적 추론에서는 '올바른 추론'이라는 것이 존재하지 않는다고 볼 수 있다. 존재하는 것은 기껏해야 '타당한 추론' 정도다. 이는 베이즈통계학 뿐 아니라 표준 통계학(네이만-피어슨 통계학)에서도 마찬가지다.

❶몬티 홀 문제와 세 죄수 문제는 같은 것을 다른 형식으로 기술한 것이다.
❷한쪽이 이상하다고 생각한다면 다른 쪽도 받아들여야 한다.
❸두 문제 모두 베이즈 추정으로 풀이하여 답을 구할 수 있다.
❹결론은 모델의 설정(확률 현상을 어떻게 상상할 것인가)에 의존하여 도출되기 때문에 정답이란 존재하지 않는다(라고 필자는 생각한다).

몬티 홀 문제를 커튼을 네 개로 바꾸어 베이즈 추정으로 풀어보자. 아래 괄호를 적절히 채우시오.

당신이 커튼 A를 고른 경우, 세계는 아래와 같이 아홉 개로 분기된다.

	자동차는 A $\frac{1}{4}$	자동차는 B $\frac{1}{4}$	자동차는 C $\frac{1}{4}$	자동차는 D $\frac{1}{4}$	
$\frac{1}{3}$	A&B열기	B&C열기	C&B열기	D&B열기	$\frac{1}{2}$
$\frac{1}{3}$	A&C열기				
$\frac{1}{3}$	A&D열기	B&D열기	C&D열기	D&C열기	$\frac{1}{2}$

이때 사회자가 커튼 B를 열었다고 하자.

(A&B열기)의 확률 = (   ) × (   ) = (   )
(C&B열기)의 확률 = (   ) × (   ) = (   )
(D&B열기)의 확률 = (   ) × (   ) = (   )

이들에게 정규화 조건을 충족시키면 정보 'B가 열렸다'는 사실 아래의 사후확률은,

(A에 자동차가 있을 사후확률) = (   )
(C에 자동차가 있을 사후확률) = (   )
(D에 자동차가 있을 사후확률) = (   )

따라서 당신은 커튼의 선택을 (   )편이 좋다.

'속설'에 대한 두 가지 법칙

많은 사람이 '속설'에 대한 몇 가지 징크스를 믿는다. '까치가 울면 길조다', '네잎 클로버를 발견하면 행운이 찾아온다', '거울이 깨지면 불길한 징조다' 등이다. 실제로 이러한 '속설'을 대하는 두 가지 전형적인 사고법이 있다. 하나는 '속설 일정의 법칙'이고 다른 하나는 '속설이 속설을 부르는 법칙'이다.

전자는 '속설에는 일정한 양이 있어서 좋은 일이 계속되면 그것이 고갈되어 다음에는 나쁜 일이 일어난다'는 사고법이다. 단지로 예를 들면, '일정한 수의 흰 공(길조)과 검은 공(흉조)이 들어 있는 단지에서 공을 꺼낼 때 계속해서 흰 공이 나오면 흰 공의 수가 점차 줄어 그 후에는 검은 공이 나올 확률이 커진다'는 뜻이다.

한편 후자는 '좋은 속설에 얽히면 좋은 일이 일정 기간 이어진다'는 사고다. 이는 진정 베이즈통계학적인 발상이라 할 수 있다. 제7강에서 다룬 문제가 전형적인 예다. 단지가 두 개 있는데 단지 A는 검은 공보다 흰 공이 많이 들어간 단지, 단지 B는 그 반대라고 생각해 보자. 사람이 단지 A나 B중 하나를 가지고 있고 그로부터 공을 꺼내어 운명을 결정짓는데 어느 쪽 단지를 가지고 있는지는 모른다고 하자. 따라서 꺼낸 공으로부터 어느 쪽 단지인가를 추리할 수밖에 없다. 제7강에서 설명했듯이 흰 공이 나오면 단지 A일 것이라는 의심이 강해지며 검은 공이 나오면 단지 B일 것이라는 의심이 강해진다. 그러면 처음에 흰 공이 나왔다는 사실은 다음에 꺼낼 공도 흰 공일 가능성이 높다는 것을 시사하여 실로 '속설이 속설을 부른다'는 것을 의미한다고 하겠다.

'속설'에 대해 어떠한 입장을 취하느냐에 따라 해야 할 일이 달라진다. 전자라면 좋은 일이 일어난 뒤에는 그것을 사수하는 방향으로, 후자라면 반대로 공격적으로 나가야 하기 때문이다.

복수의 정보를 얻었을 때의 추정❶

» '독립시행 확률의 승법공식'을 사용한다

10-1　복수의 정보를 바탕으로 베이즈 추정을 실시한다

지금까지 실시한 베이즈 추정의 모델에서는 정보의 입수를 1회로 한정했다. 가령 제1강에서는 눈앞의 손님이 말을 '거는가' '걸지 않는가'에 대한 정보, 제2강에서는 한 종류의 암 검사 정보, 제3강에서는 동료 여성이 초콜릿을 '주는가' '주지 않는가'에 대한 정보, 제4강에서는 첫째 아이의 성별 정보 등 모두 정보는 한 가지뿐이었다.

그러나 **추정이란 일반적으로 복수의 정보로부터 이루어지는** 법이다. 따라서 복수의 정보를 얻었을 때 어떻게 추정해야 하는가를 이해할 수 있어야 한다. 뿐만 아니라 베이즈 추정은 복수의 정보를 얻었을 때의 추정에 관해 상당히 중요한 성질을 지니고 있다. 여기서부터 4강에 걸쳐 복수의 정보를 얻었을 때의 추정에 대해 알아보기로 하자.

10-2　두 종류의 시행을 조합하려면

직면한 현상의 귀결에 복수의 가능성이 있어서 각각의 가능성에 확률을 할당할 수 있는 경우 그 현상을 '**시행**'이라고 부른다. 지금까지는 단순히 '정보'라 불렀으나 여기서부터는 '시행'이라는 용어도 사용한다. 예컨대 주사위를 던져서 나온 눈을 확인하는 것이 '시행'이다. 또 내일 날씨가 맑음, 구름, 비, 눈의 네 가지 귀결 중 무엇이 될 것인가를 보는 것도 '시행'이다.

여기서 두 종류의 시행이 있을 때, 그 두 가지를 한데 묶어 그것을 또 다른 시행으로 본다면 그 귀결에 대한 각각의 확률은 어떻게 될지에 대해 생각해 보자.

이해를 돕기 위해 다소 인공적인 예로 들기로 한다.

제1시행은 동전을 던져 앞뒤를 귀결로 하는 확률 현상이다. 제2시행은 주사위를 던져서 나올 눈을 귀결로 하는 확률 현상이다. 제1시행의 귀결과 제2시행의 귀결을 묶으면 새로운 제3시행이 만들어진다. 가령, 제1시행의 귀결이 '앞면'이고 제2시행의 귀결이 '4'로 나온 경우 이를 묶어서 '앞면&4'라는 제3시행을 얻을 수 있다. 이와 같은 시행을 '**직적시행(直積試行)**'이라 부른다. 이 직적시행의 귀결은 도표 10-1과 같이 $2 \times 6 = 12$가 된다(**도표 10-1**).

직적시행의 귀결을 그림과 같이 격자 모양으로 표기한다. 가로 방향에는 1에서 6까지, 세로 방향에는 앞뒤를 채워 넣는다. 이와 같이 **직적시행의 귀결을 격자 모양에 그리는 것에는 큰 의미가 있다. 확률의 계산이 간편해지기 때문**이다. 참고로 '직적'이라는 수학용어는 이와 같이 격자 모양에 늘어놓아 묶음을 만드는 것을 뜻하는 말이다.

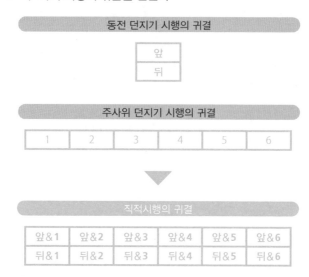

10-3 독립된 직적시행의 확률은 곱셈으로 구할 수 있다

다음으로 두 개의 시행의 독립성에 대해 설명해 보자.

'두 개의 시행이 독립'되어 있다는 것은, 쉽게 말해 **'한쪽 시행의 귀결이 다른 쪽 시행의 귀결에 영향을 주지 않음'**을 뜻한다. 예컨대 앞에서 제시한 '동전 던지기' 시행에서는 동전의 앞면이 나오는 것이 주사위의 눈이 무엇이 나오는가에 영향을 주리라고는 볼 수 없고, 주사위의 눈이 4가 나올 것이라는 추측이 동전의 앞뒷면에 대한 추측 결과에 영향을 주는 일은 상식적으로는 있을 수 없기 때문이다. 즉 '동전의 앞뒷면'과 '주사위의 눈'은 직관적으로 무관계함을 알 수 있다. 이것이 **'시행의 독립성'**이다.

그렇다면 '독립되지 않은 두 개의 시행'이란 무엇을 뜻할까? 예컨대 '서울의 내일 날씨'라는 시행과 '경기도의 내일 날씨'라는 시행은 '무관계'하다고 볼 수 없을 것이다. 서울과 경기도는 인접 지역이므로 '서울의 내일 날씨'의 귀결이 '비'라고 추측되면 '경기도의 내일 날씨'도 비일 가능성이 상당히 높다고 추측하는 것이 일반적이다. 그리고 반대로 '경기도의 내일 날씨'가 '눈'이라고 추측된다면, '서울의 내일 날씨'도 '눈'일 가능성이 평소보다 크다고 추측할 수 있다. 이것은 두 가지 시행이 독립적이지 않은 경우를 알기 쉬운 예로 설명한 것이다(전문 용어로 **'종속시행'**이라고 한다).

단 '시행의 독립성'을 이와 같이 '서로 영향을 주지 않는다'라거나 '무관계'하다고 정의하는 것은 좋은 방법이 아니다. 왜냐하면 한쪽의 시행이 또 다른 시행에 영향을 준다거나 주지 않는 것에 대해 수학적으로 어떻게 계산하여 기술해야 할지 모르기 때문이다. 그래서 **'한쪽이 다른 쪽에 영향을 주지 않는다'**는 것과 직감적으로 동일한 것을 뜻하게 될 수학적 계산에 의해 독립성을 정의하기로 한다. 다음을 살펴보자.

앞에서 다룬 동전 던지기와 주사위 던지기에 대한 시행으로 다시 돌아가 보자.

주사위 던지기에서 눈이 1이 나올 확률은 6분의 1이다. 다른 눈의 경우도 마찬가지다. 여기서 동전 던지기 시행과 주사위 던지기 시행을 묶은 직적시행(도표 10-1)에 다시 주목해 보자. 이 직적시행에서 가령 '앞면'일 경우만을 제외한다면 주사위의 각 눈이 나올 확률은 어떻게 될까? 만일 1이 나오기 쉬워진다(확률이 6분의 1보다 커진다)면, '앞'이라는 동전의 귀결이 주사위 눈의 결과에 영향을 준다고 생각할 수 있다.

따라서 '앞'이라는 귀결이 주사위 눈이 몇이 나오는가에 영향을 주지 않는다면 '앞'의 경우만을 빼도 역시 주사위의 눈은 대등하게 나올 것이다. 격자 모양의 그림을 통해 보면 '앞'만 뺀 상단의 여섯 개 직사각형 면적(그것은 확률을 나타낸다)이 모두 동일하다(**도표 10-2**). 이는 '뒤'에 관한 여섯 개의 직사각형 면적에 대해서도 똑같이 적용된다.

도표 10-2　독립시행에서의 면적

6개 모두 동일한 면적

앞&1	앞&2	앞&3	앞&4	앞&5	앞&6
뒤&1	뒤&2	뒤&3	뒤&4	뒤&5	뒤&6

2개는 같은 면적

6개 모두 동일한 면적

이 단계에서는 아직 위아래의 직사각형 면적이 같다는 사실을 알 수 없다. 그런데 주사위의 눈이 '6'인 묶음을 뺐을 때 그것이 동전의 '앞', '뒤'에 영향을 주지 않는다는 점을 생각하면, 오른쪽 끝에 있는 위아래의 직사각형 두 개는 면적이 같음을 알 수 있다. 이상에서 볼 때 **격자 모양에 늘어선 직사각형 열두 개의 면적은 모두 같다**고 판명된다.

그렇다면 각 시행(동전과 주사위를 묶은 시행)의 귀결에 대한 확률을 나타내는 직사각형의 면적은 어떻게 될까? 정규화 조건에서 합계가 1이 된다는 것을 떠올리면, 각 직사각형의 면적은 $\frac{1}{12}$임을 알 수 있다. 직사각형이 열두 개가 된 이유는 그것이 동전의 두 가지 귀결과 주사위의 여섯 가지 귀결을 곱한 것이기 때문이다. 따라서 다음과 같은 변형이 생긴다.

(직사각형의 면적)

$$= \frac{1}{12}$$

$$= \frac{1}{2} \times \frac{1}{6}$$

= (동전 1개의 귀결에 대한 확률) × (주사위 1개의 귀결에 대한 확률)

이것을 시행의 각 묶음에 대해 구체적으로 적어보면,

(앞&1확률) = (앞이 나올 확률) × (1이 나올 확률)

혹은

(뒤&5확률) = (뒤가 나올 확률) × (5가 나올 확률)

과 같이 된다.

즉 '**묶음의 확률은 각 확률의 곱이 된다**'는 뜻이다.

10-4 독립시행의 확률에 승법 공식

이상을 조금 더 일반적으로 기술해 보자.

앞에서 동전과 주사위의 예에서는 직사각형이 완전히 균등하게 분할되었는데 이것은 특수한 사례다. 그렇게 된 것은 '앞', '뒤'의 확률이 같은데다가 1에서 6까지의 눈도 같은 확률이었기 때문이다. 여기서는 같은 확률이 아닌 일반적인 경우를 추상적으로 다루어 보자.

예컨대 제1시행의 귀결이 a, b, c, d의 4가지이며, 제2시행의 귀결이 x, y, z의 3가지인데, 각각 일어날 확률은 같다고 단정할 수 없다.

이 두 가지 시행이 독립적일 경우, 직적시행은 **도표 10-3**과 같이 그릴 수 있다.

도표 10-3　두 가지 시행이 독립적인 경우의 직적시행

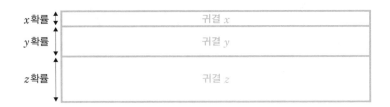

이 중 행을 하나 빼서 보면(가로 방향으로 본다) 직사각형 네 개의 면적은 제각각이다. 열 하나를 고정해서 보면 직사각형 세 개의 면적도 각기 다르다. 그런데 포인트는 하나의 행을 **뺐을** 때 네 개의 직사각형 각 면적의 **비례관계**는 어느 행이나 같으며, 하나의 열을 뺐을 때의 세 개의 직사각형 각 면적의 **비례관계**는 어느 열이나 같다는 것이다.

한 행을 뺐봤을 때의 직사각형 면적의 비례관계가 제1시행 확률의 비는 다음과 같다.

(a확률) : (b확률) : (c확률) : (d확률)

이처럼 되는 것은 표 10-3의 두 번째 그림과 같이 가로선을 지워보면 알 수 있다. 네 개의 직사각형은 시행 a, b, c, d의 귀결의 가능 세계를 나타내기 때문이다.

마찬가지로 하나의 열을 뺐봤을 때 직사각형 면적의 비례관계가 제2시행의 확률의 비는,

(x확률) : (y확률) : (z확률)

이같이 된다는 사실은 세 번째 그림과 같이 세로선을 지워보면 명확해 진다.

이상에서 볼 때 열두 개로 나뉜 직사각형의 가로변의 길이는 순서대로

(a확률), (b확률), (c확률), (d확률)

세로변의 길이는 순서대로

(x확률), (y확률), (z확률)

이같이 된다는 뜻이다. 이때 면적비가 선분비로 바뀐다는 점이 포인트다. 따라서 다음과 같이 구할 수 있다.

$$(a\&x확률) = (a\&x직사각형\ 면적) = (a확률) \times (x확률)$$

$$(b\&z확률) = (b\&z직사각형\ 면적) = (b확률) \times (z확률)$$

이상과 같은 곱셈 공식을 **'독립시행 확률의 승법 공식'**이라 부른다.

❶ 두 가지 시행을 묶은 직적시행은 직사각형을 격자 모양에 분할하여 그림으로 표시한다.

❷ 두 가지 시행이 독립되어 있다는 것은 직관적으로 생각할 때 한쪽의 귀결이 다른 쪽 귀결이 일어나는 데에 영향을 주지 않는 것이다.

❸ 두 가지 시행이 독립되어 있을 때 다음과 같은 확률의 승법 공식이 성립한다.

{(제1시행의 귀결이 a이고, 제2시행의 귀결이 x)일 확률}

$= (a확률) \times (x확률)$

크고 작은 주사위 2개를 던질 때, 확률에 대해 다음 괄호를 적절히 채우시오.

(1) {(큰 것이 2)&(작은 것이 3)}일 확률
  = {(큰 것이 2)일 확률} × {(작은 것이 3)일 확률}
  = (   ) × (   ) = (   )

(2) {(큰 것이 짝수)&(작은 것이 5 이상)일 확률}
  = {(큰 것이 짝수)일 확률} × {(작은 것이 5 이상)일 확률}
  = (   ) × (   ) = (   )

복수의 정보를 얻었을 때의
추정❷

» 스팸메일 필터의 예

11-1 스팸메일 필터는 베이즈 추정에 기원하다

통계적 추정이나 베이즈 추정 등의 확률적 추론에는 복수의 정보가 사용되는 것이 일반적이다. 그리고 정보가 많으면 많을수록 추론 결과의 신빙성이 높아질 것으로 기대한다. 앞으로 세 강의에 걸쳐 복수의 정보를 사용해서 하는 베이즈 추정 방식을 알아보기로 하자. 포인트는 전 강의에서 설명한 **'확률의 승법공식'**이다. 먼저 11강의에서는 두 개의 정보로부터 사후확률을 계산하는 방법을 알아보자.

이번 강의에서 제재로 삼은 것은 **스팸메일 필터**다.

스팸메일이란, 인터넷상에서 수상한 업자로부터 무차별적으로 발송되는 쓰레기 메일을 말한다. 그리고 스팸메일 필터란 이러한 쓰레기 메일을 자동으로 판별하여 스팸메일로 분류되도록 걸러주는 기능을 말한다.

사실 이 스팸메일 필터는 우리 주위에서 볼 수 있는 가장 가까운 응용 사례로서 전 세계에서 널리 쓰이고 있다. 현재는 대다수 웹 메일 서비스에 스팸메일 필터링 기능이 도입되어 있다. 독자 여러분도 웹 메일 서비스를 이용하고 있다면 정확히 걸러진다는 사실에 감탄한 적이 있을 텐데, 이 유능한 기능을 뒷받침해 주는 것이 다름 아닌 바로 베이즈 추정이다.

11-2 필터에 '사전확률'을 설정한다

먼저 이제까지처럼 사전 타입을 설정하고 하나의 정보를 얻은 뒤 사후확률을 구해보자.

여기서는 '당신이 받은 메일이 스팸메일인가 아닌가를 판정하는 것'이 아니라 '받은 메일을 컴퓨터가 기능적으로 판정한다'는 형태로 해설해 나가기로 한다.

먼저 컴퓨터는 도착한 메일을 스캔하기 전 '그 메일이 스팸메일인가 일반메일인가' 하는 각 타입에 대해 사전확률을 할당한다. 여기에서는 '이유 불충분의 원리'를 적용하여 쌍방에 0.5씩 할당하자.

이것은 도착한 메일에 대해 필터가 '스팸메일일 확률이 0.5, 일반메일일 확률도 0.5'라는 평가를 내리는 것을 뜻한다. 이때 이보다 신빙성 있다고 알려진 확률이 있다면 그것을 사전확률로 설정해도 관계없다(**도표** 11-1).

11-3 스캔할 글자나 문구와 그 '조건부 확률'을 설정한다

다음으로 스팸메일에 자주 나오는 글자나 문구 혹은 특징을 설정해 두어야 한다. 여기서는 '다른 홈페이지의 URL 링크가 삽입되어 있다'

0.5	0.5
스팸	일반

는 특징에 주목하기로 하자. 이것이 컴퓨터가 스팸메일임을 의심하는 검출 포인트가 되기 때문이다. 실제로 대개 스팸메일은 대부분 어딘가의 사이트로 유도하려는 의도를 가지고 있으므로 해당 URL 링크가 삽입되어 있다. 따라서 만일 다음과 같은 확고한 관계, 즉,

스팸메일→URL 링크가 있다
일반메일→URL 링크가 없다

는 관계가 성립한다면 100% 스팸메일을 걸러낼 수 있다. 앞에서 논리적 추론 부분에서 해설했듯이,

URL 링크가 있다→스팸메일
URL 링크가 없다→일반메일

이라고 거꾸로 판정하면 되기 때문이다. 그러나 유감스럽게도 스팸메일이지만 링크를 붙여 넣지 않은 메일이 다수 있으며, 친구나 직장으로

부터 온 메일에도 링크가 걸려 있는 일이 때때로 있다는 점이 문제다. 이러한 경우에는 확률적 추론에서의 '대체'적인 판정을 사용해야 한다. 즉, 다음과 같다.

URL 링크가 있다→대체로 스팸메일

URL 링크가 없다→대체로 일반메일

이 '대체로'를 수치로 평가하는 것이 베이즈 추정의 역할이다.

그래서 스팸메일과 일반메일에 각각 어느 정도의 비율로 URL이 삽입되어 있는가를 설정할 필요가 있다. 이하에서는 간략한 계산을 위해 가공의 수치를 사용하기로 한다(**도표 11-2, 11-3**).

도표 11-2 링크가 걸려 있을 조건부 확률

타입	URL 링크가 있을 확률	링크가 없을 확률
스팸	0.6	0.4
일반	0.2	0.8

도표 11-3 네 개로 분기된 세계

지금까지 누차 설명했지만 재차 확인하는 의미에서 도표 11-3을 해석해 보자.

지금 메일 한 통이 도착하여 그것을 필터가 검사하고 있다. 필터가 직면한 가능세계는 네 개로 나뉜다. 먼저 착신된 메일은 '스팸메일'과 '일반메일'의 둘로 나뉜다. 다음으로 각각의 세계가 URL '링크 있음'과 '링크 없음'의 둘로 나뉜다. 도합 4개의 가능세계로 분기되고 그중 무엇이 현실인가를 판정하려는 것이다.

11-4 스캔 결과 스팸메일의 '베이즈 역확률'이 구해진다

그러면 메일의 문장을 필터가 스캔한 결과 '링크가 있었다'고 하자. 이때 필터로써는 두 가지 가능세계가 소멸되어 가능세계는 나머지 둘로 한정된다(**도표 11-4**).

도표 11-4 가능세계가 두 개로 한정된다

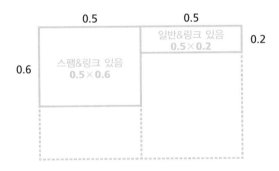

이 도표에서 정규화 조건(수치를 더해서 1이 된다)을 회복시키면 이하와 같이 사후확률을 구할 수 있다. 링크가 있다는 전제 하에,

(스팸메일일 사후확률) : (일반메일일 사후확률)

$= 0.5 \times 0.6 : 0.5 \times 0.2$

$= 0.6 : 0.2$

$= 3 : 1$

$= \dfrac{3}{4} : \dfrac{1}{4}$

이로부터 필터는 다음과 같이 판정하게 된다.

(링크가 있다는 조건에서 스팸일 사후확률) $= \dfrac{3}{4} = 0.75$

스캔 전에는 스팸일 확률을 0.5로 설정했기 때문에 스캔하여 링크를 발견했을 때보다 스팸일 확률이 0.75까지 상승한 셈이다(**도표 11-5**).

도표 11-5　　스캔 전과 스캔 후

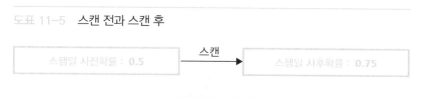

링크가 있음을 확인

이 경우 '일반메일일 사후확률'은 0.25이지 0은 아니기 때문에 **'스팸메일일 것이라는 의심이 짙어졌다'**는 뜻이지 '절대적으로 스팸메일이다'라고 판정된 것은 아니다. 예컨대 이 필터에 '스팸메일일 사후확률이 0.95보다 크면 자동으로 스팸메일함으로 보낸다'고 설정되어 있는 경우라면 이 메일은 스팸메일함으로 이동되지 않고 받은 메일함으로 들어간다.

11-5 두 번째 정보로 인해 세계는 여덟 개로 나뉜다

앞에서 '링크가 있다'는 정보로부터 스팸메일의 의심이 짙어졌을 뿐, 스팸메일함으로 이동할 만큼 강력한 판정이 이루어지지는 않았다. 그래서 필터는 여기에 다른 정보를 추가하여 재판정한다.

여기서는 '만남'이라는 단어를 검출 포인트로 추가해 보자. '만남'이라는 단어가 있거나 없을 확률은 **도표 11-6**과 같다고 하자(가공의 값).

도표 11-6 링크가 붙어 있을 조건부 확률

타입	'만남' 단어가 있을 확률	'만남' 단어가 없을 확률
스팸	0.4	0.6
일반	0.05	0.95

여기서 필터가 스캔하고 있는 메일에 URL 링크에 더해 '만남'이라는 단어까지 검출된 경우 스팸메일일 확률을 계산해 보자.

먼저 도표 11-1에서 두 개로 분기된 세계는 **도표 11-7**과 같이 각각 네 개의 가능세계로 나뉘어 도합 여덟 개의 가능세계가 나타난다. 그리고 각각에 대한 확률은 도표 11-7의 아래 그림과 같다.

스팸메일일 경우와 일반메일일 경우의 확률표를 각기 따로 만들었음에 주의하기 바란다. 그렇게 한 이유는 검사할 메일이 스팸메일인 경우와 일반메일인 경우 전혀 다른 세계에 직면해 있기 때문이다. 그리고 스팸메일일 경우와 일반메일일 경우는 스캔해 볼 특징(링크의 유무, '만남' 단어의 유무)이 출현할 확률이 전혀 다르므로 반드시 **각각에 대한 개별 확률을 계산해야** 한다.

네 개의 가능세계	
	'만남' 있음	'만남' 없음
'링크' 있음	'링크' 있음& '만남' 있음	'링크' 있음& '만남' 없음
'링크' 없음	'링크' 없음& '만남' 있음	'링크' 없음& '만남' 없음

스팸일 경우	
	'만남' 있음	'만남' 없음
'링크' 있음	0.6×0.4	0.6×0.6
'링크' 없음	0.4×0.4	0.4×0.6

일반일 경우	
	'만남'이 있음	'만남'이 없음
'링크' 있음	0.2×0.05	0.2×0.95
'링크' 없음	0.8×0.05	0.8×0.95

이들의 확률을 여덟 개로 분기된 세계에 기입한 것이 **도표 11-8**이 다.

도표 11-8의 왼쪽 예(스팸메일의 예)는 도표 11-7 한가운데의 확 률표에 대응하고 있다. 오른쪽 예(일반메일의 예)는 도표 11-7 맨 아 래의 확률표에 대응한다.

여기서 재확인해야 할 것은, **타입의 확률 0.5도 곱셈으로 이루어졌다**는 점이다. 타입의 확률이 곱셈으로 계산되는 것은 이제까지와 마찬가지 인데, 그 이유는 독립성과 관련이 없다. 이것은 '조건부 확률'에 관계된 성질이다. 이에 대해서는 제15강에서 해설할 예정이므로 지금은 그러 한 것이 있다는 정도만 알고 넘어가자.

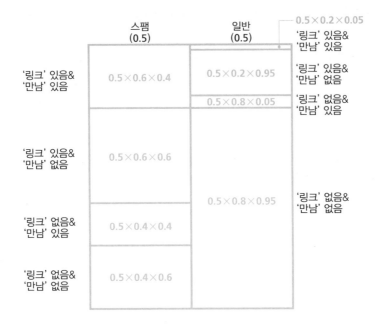

11-6　두 가지 정보로부터 '일어날 가능성이 없는 세계'를 소거한다

　이상의 확률설정하에서 필터가 메일의 내용을 스캔하여 '링크'와 '만남' 양쪽을 모두 검출한 경우 그 메일이 어느 정도 스팸메일이라고 추정되는지를 계산해 보자. 도표 11-8의 여덟 개로 갈라진 가능세계 중 가장 위의 두 가지만이 실현 가능한 세계로 남고, 나머지 여섯 개는 소멸되기 때문에 **도표 11-9**와 같은 결과를 얻을 수 있다.

즉 필터가 검색하고 있는 메일은 '스팸메일' 중에 '링크'와 '만남'이 모두 있거나, '일반메일' 중에 '링크'와 '만남'이 모두 있는 경우 중 하나라는 뜻이다. 그리고 그 가능성의 비례관계는 그림 속 두 가지 확률의 비가 된다. 따라서 다음과 같이 정규화에 따라 '링크' 있음&'만남' 있음이라는 정보를 얻었다는 전제하의 사후확률을 구할 수 있다.

(스팸메일일 사후확률) : (일반메일일 사후확률)

$= 0.5 \times 0.6 \times 0.4 : 0.5 \times 0.2 \times 0.05$

$= 0.6 \times 0.4 : 0.2 \times 0.05$

$= 0.24 : 0.01$

$= 24 : 1$

$= \dfrac{24}{25} : \dfrac{1}{25}$

이 정규화 계산으로부터 '링크' 있음&'만남' 있음이라는 정보하에서 사후확률의 값은 다음과 같다.

(스팸메일일 사후확률)

$= \dfrac{24}{25} = 0.96$

가령 이 스팸메일 필터가 '스팸메일일 사후확률이 0.95를 넘었다면 스팸메일함으로 자동으로 메일을 이동'시키도록 설계되어 있는 경우 이 메일은 스팸메일함으로 이동되며 받은 메일함에서는 보이지 않을 것이다.

이상에서 살펴본 두 가지 정보를 이용한 베이즈 추정을 도식으로 나타내면 다음과 같다(**도표 11-10**).

도표 11-10　스캔 전과 2회 스캔 후

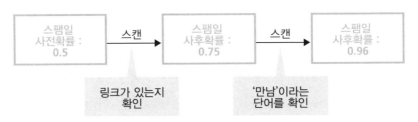

이상에서 하나의 정보를 사용하여 판정할 때보다 두 개의 정보를 사용해 판정할 때가 스팸메일의 가능성을 훨씬 높은 수치로 검출할 수 있음을 확인할 수 있다.

속성! 베이즈통계학의 에센스를 이해한다

① 두 가지 정보를 사용한 베이즈 추정은 기본적으로 이제까지와 같은 방법이다.

② 사전확률의 타입을 두 개로 설정한 경우 두 개의 정보를 사용하면 세계는 여덟 개로 분기된다.

③ 여덟 개의 세계 각각의 확률은 확률의 승법공식을 이용해서 구한다.

④ 한 개의 정보를 사용할 때 보다 두 개의 정보를 사용할 때 스팸메일의 판정도가 높아진다.

　　암 검사 방법이 두 가지일 경우를 생각해 보자. 그것을 검사1, 검사2라 하고 이 두 가지는 서로 전혀 다른 원리의 검사 방법이라고 치자. 원리가 전혀 다르므로 암 환자가 한쪽에서 양성판정을 받았다 해도 그 결과가 또 다른 검사에서 양성판정을 받기 쉽게 하는 데에 영향을 주지 않는다. 즉 독립시행이며 이것은 건강한 사람에게도 마찬가지다. 다음과 같은 설정을 생각해 보자.

*타입의 사전확률: 암일 확률은 0.001, 건강할 확률은 0.999

▼검사1의 조건부 확률

타입	양성일 확률	음성일 확률
암에 걸린 사람	0.9	0.1
건강한 사람	0.1	0.9

▼검사2의 조건부 확률

타입	양성일 확률	음성일 확률
암에 걸린 사람	0.7	0.3
건강한 사람	0.2	0.8

위와 같은 설정 하에 다음 괄호를 적절히 채우시오.

(1) 검사1만 실시하여 양성이 나온 경우

　　(암&검사1로 양성)일 확률

　　= (　　) × (　　) = (　　) …… (가)

　　(건강&검사1로 양성)일 확률

　　= (　　) × (　　) = (　　) …… (나)

　　상기의 (가)와 (나)의 비가 정규화 조건을 충족하게 되면

　　(가) : (나)

$$= \frac{(\quad)}{(\quad) + (\quad)} : \frac{(\quad)}{(\quad) + (\quad)}$$

　　= (　　) : (　　)

　　검사1에서 양성이었다는 전제하의 암일 사후확률은

　　(암일 사후확률) = (　　)

(2) 검사1과 검사2를 모두 실시하여 양쪽에서 모두 양성이 나온 경우,

　　(암&검사1로 양성&검사2로 양성)일 확률

　　= (　　) × (　　) × (　　) = (　　) …… (다)

　　(건강&검사1로 양성&검사2로 양성)일 확률

　　= (　　) × (　　) × (　　) = (　　) …… (라)

　　상기의 (다)와 (라)의 비가 정규화 조건을 충족하도록 하면

　　(다) : (라)

$$= \frac{(\quad)}{(\quad) + (\quad)} : \frac{(\quad)}{(\quad) + (\quad)}$$

　　= (　　) : (　　)

　　검사1과 검사2에서 모두 양성이 나왔을 때 암일 사후확률은

　　(암일 사후확률) = (　　)

제 12 강

베이즈 추정에서는 정보를
순차적으로 사용할 수 있다

» '축차합리성'

12-1 베이즈 추정에서는 이전 정보를 잊어도 앞뒤가 들어맞는다

앞의 강의에서는 스팸메일 필터의 예를 통해 두 가지 정보를 바탕으로 사후확률을 계산하는 방법을 해설하였다. 결론만 말하면, 그 구조는 다음과 같았다(**도표 12-1**).

도표 12-1 두 가지 정보에 의한 베이즈 추정

사실 이와 같이 연속해서 들어오는 정보에 대한 연속적인 추정(축차적인 추정이라 한다)에는 상당히 교묘한 성질이 내재된 것으로 알려져 있다. 그것은 쉽게 말해 '**정보❶에서 타입에 대한 확률을 개정하면, 정보❷를 사용할 때는 앞의 정보❶은 잊어도 된다**'는 성질이다. 이것은 베이즈 추정의 매우 특출한 성질로 전문적으로는 이를 '**축차합리성**'이라고 한다. 이번 강의에서는 이 성질을 앞의 강의에서 다룬 스팸메일 필터의 구체 사례를 통해 해설하려고 한다.

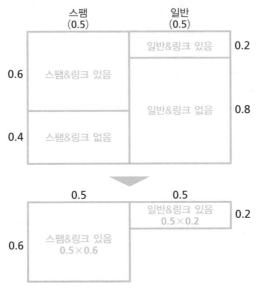

정보❶이라는 전제하에
(스팸일 사후확률) : (일반일 사후확률)
=0.3 : 0.1=0.75 : 0.25

12-2 정보❶로부터 얻은 사후확률을 '사전확률'로 설정한다

먼저 앞에서 맨 처음에 한 추정('링크 있음'으로부터 구한 사후확률)을 되짚어보자.

사전의 타입을 '스팸메일'과 '일반메일' 두 가지로 설정해 두고 사전확률을 모두 0.5로 하였다(이유 불충분의 원리). 그리고 각 타입에 '링크 있음', '링크 없음'이 관측될 확률을 도입했다.

지금 스캔한 결과 '링크'가 검출되어(이를 정보❶이라 부르기로 하자) 그에 따른 사후확률을 구해보니, 도표 12-1에 따라 스팸메일일 사후확률❶은 4분의 3, 일반메일일 사후확률❶은 4분의 1로 추정되었다.

즉, 정보❶에 따라 0.5, 0.5였던 사전확률이 0.75, 0.25로 개정(업데이트)된 것이다(**도표 12-2**).

여기서 다음과 같은 재미있는 발상으로 연결해 보자. 즉, **지금 구한 사후확률을 타입에 대한 사전확률로 재설정**하는 것이다. 그것이 **도표 12-3**이다.

도표 12-3　정보❶로부터 얻은 사후확률을 사전확률로 설정

이것은 '이유야 어찌됐건 지금 조사하고 있는 메일이 스팸메일일 사전확률은 0.75, 일반메일일 사전확률은 0.25로 설정되어 있음'을 뜻한다. 즉 **이유는 잊어버렸지만 사전확률이 그렇게 설정되어 있다**고 생각하는 것과 같다.

이는 그리 터무니없는 가정이 아니다. 본래 **사전확률이라는 것은 근거**

없이 설정되어 있는 값이었다. 따라서 정보**❶**에 따른 추정을 통해 얻은 사후확률을 새로운 사전확률로 재설정해도 문제될 것이 없다.

12-3 정보❷를 사용하여 베이즈 갱신을 한다

그러면 도표 12-3과 같이 재설정된 타입에 대한 사전확률을 바탕으로 제2의 정보인 '만남'이라는 단어의 검출(이것을 정보❷라고 하자)을 이용하여 사후확률을 계산해 보자. 이것은 지금까지 몇 번이나 실시해 온 하나의 정보를 이용한 베이즈 추정이므로 어려울 것이 전혀 없다.

도표 12-4 **정보❷를 사용한 베이즈 추정에 의한 사후확률**

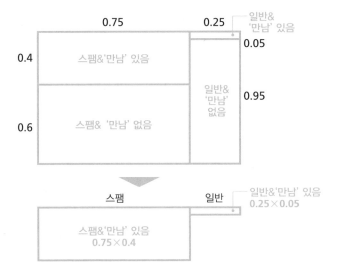

도표 **12-4**와 같이 세계를 네 개로 나누고 각 가능세계에 곱셈으로 구한 확률을 도입한다. 그리고 실제로 '만남'이라는 단어가 검출되었으므로 '만남 없음'이 속한 두 세계는 소멸되고 나머지 두 세계만이 남는

다. 이 확률의 비가 정규화 조건을 충족(더해서 1이 된다)하게 만들자. 그러면 '만남'이라는 단어가 검출된 상태에서 사후확률은 다음과 같이 나온다.

(스팸메일일 사후확률) : (일반메일일 사후확률)

$= 0.75 \times 0.4 : 0.25 \times 0.05$

$= 3 \times 8 : 1 \times 1$

$= 24 : 1$

$= \dfrac{24}{25} : \dfrac{1}{25}$

이는 앞의 강의에서 두 가지 정보(여기서의 정보❶과 정보❷)를 사용한 베이즈 추정의 사후확률과 완전히 일치한다.

어떻게 일치하는 것일까? 이는 단순한 우연이 아니라 필연이다. 이유는 의외로 간단하다.

도표 12-5를 살펴보자. 상단에 있는 그림은 앞의 강의에서 두 개의 정보(여기서의 정보❶과 정보❷)를 이용해 사후확률을 한 번에 구할 때 사용한 그림이다. 직사각형 속 확률의 비를 정규화하면 사후확률을 구할 수 있다.

한편 아래 그림은 이번 강의 도표 12-2에 나온 그림으로 정보❶로부터 각 타입의 확률을 개정하여 얻은 사후확률의 비례다.

아래 그림의 직사각형 속의 곱셈이 위 그림의 직사각형 속 '세 수의 곱셈' 중 '앞 두 가지 수의 곱셈'과 일치함을 확인하기 바란다. 즉, 아래

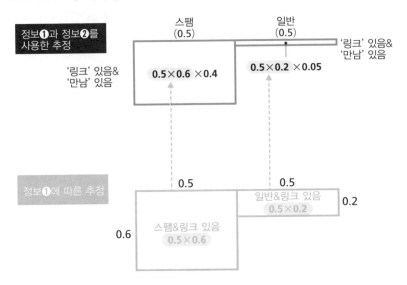

도표 12-5 두 가지 정보에 따른 개정과 축차적 개정이 일치하는 이유

그림의 비례관계를 타입의 비라고 하고 정보❷를 사용하여 베이즈 추정을 실시하면(도표 12-4) 위 그림의 곱셈과 완전히 동일한 계산이 나오게 된다. 이에 따라 **'정보❶로부터 수정한 사후확률을 사전확률로 사용하고 여기에 정보❷를 결합하여 구한 사후확률'과 '정보❶과 정보❷를 한 번에 사용해서 구한 사후확률'이 일치한다**는 놀라운 결과가 나타난다.

요컨대 확률이 곱셈으로 계산되는 것이 탁월한 작용을 하여 이러한 성질을 얻을 수 있는 것이다.

12-4 베이즈 추정은 인간다운 추정이다

베이즈 추정에서는 **'두 가지 정보를 한꺼번에 사용하여 추정한 결과'와 '첫**

속성 베이즈통계학의 에센스를 이해힌다

번째 정보를 사용하여 추정하고, 그 추정 결과를 사전확률로 두고 두 번째 정보를 사용하여 추정한 결과'가 완전히 일치하는 것이 일반적이다. 이 성질을 전문용어로 **'축차합리성'**이라고 한다(**도표 12-6**).

도표 12-6 축차합리성

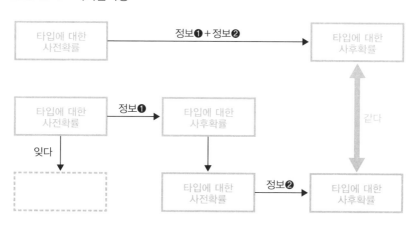

'축차합리성'이 성립한다는 것은 정보를 한 번에 이용하지 않고 축차적으로(차례대로) 이용해 나가도 같은 결과를 얻을 수 있음을 뜻한다. 바꾸어 말하면 **이전에 사용한 정보는 잊어도 관계없다**는 뜻이다. 왜냐하면 그것은 그로부터 얻은 사후확률에 온전히 반영되어 있기 때문에 그 사후확률을 **마치 사전확률인양 취급하여 새로이 추정을 해도 결과는 달라지지 않는다.**

이는 베이즈 추정이 얼마나 유능한 추정 방법인가를 알려주는 대목이다. 우리들은 언제나 방대한 정보를 사용하여 확률적 추측을 한다. 그런데 그때마다 일일이 모든 정보를 총동원해서 추측을 해야 한다면 굉장히 번거롭고 정보를 저장해 둘 기억 용량도 상당히 커야 한다. 그러나 한번 사용한 정보는 버려도 현재의 추정에 완전히 반영되어 남김 없이 활용할 수 있다면 그것은 매우 효율적이며 에너지 절약도 되는 일 일 것이다. 베이즈 추정은 실로 이 기능을 갖추고 있다 하겠다.

이것은 일종의 '**학습기능**'이라고도 할 수 있다. 베이즈 추정으로 개 정된 '타입에 대한 사후확률'은 모든 정보를 활용한 내용이 된다는 점 때문이다. 즉, 이것은 '정보로부터 학습이 이루어진 결과'라고 볼 수 있 다. 베이즈 추정은 '**정보를 입수하면 자동적으로 똑똑해 지는**' 기능을 갖추 고 있는 셈이다.

이상은 상당히 '인간다운' 기능에 비유할 수 있다. 우리들은 항상 타 인에 대한 기능이나 인간성 등의 측면을 재고 있다. 그때마나 '지금까 지의 기억을 총동원하여 평가'하지는 않을 것이다. 그 인물에 대한 어 떠한 사건을 관찰함으로써 그 사람의 인상을 만든다. 관찰한 사건은 대 개 잊힌다. 그리고 그다음 관찰이 이루어졌을 때 이미 만들어져 있던 인상을 그 새로운 관찰을 통해 수정한다.

우리들은 이와 같이 '정보'→'인상의 개정'→'정보의 망각'을 되풀이 하며 차츰 그 사람에 대한 평가를 확고하게 다져간다. 중요한 것은 그 와 같이 축차적으로 이룬 '인상의 개정'의 결과와 '이제까지 관찰한 모 든 내용을 가지고 새로이 백지에 형성한 인상'과는 그렇게 큰 차이가 없다는 점이다. 따라서 우리는 언제나 백지 상태에서 생각해야 하는 귀 찮은 작업을 하지 않아도 지장이 없다. 이와 같이 인간이 일상적으로 행하는 '인상의 개정', '학습'을 수치에 의거해 체계적으로 수행하는 것 이 베이즈 추정이다.

그런 의미에서 **베이즈 추정은 어떤 의미에서 인간다움을 지닌 추정 방식** 이라고 할 수 있다. 따라서 베이즈 추정이 인터넷상의 비즈니스에 도입

된다면 그것은 마치 유능한 점원의 영업 능력이 인터넷상에서 실현되는 것과 다를 바 없다. 이것이 바로 베이즈 추정이 인터넷 비즈니스에서 주목받는 커다란 이유 중 하나다.

①두 가지 정보를 한꺼번에 사용해서 구한 사후확률과 첫 번째 정보로 얻은 사후확률을 사전확률로 재설정하여 두 번째 정보를 이용해 개정한 사후확률은 항상 일치한다.

②①의 성질을 축차합리성이라 부른다.

③축차합리성은 학습 기능의 일종으로 간주할 수 있다.

④베이즈 추정에서 일단 추측에 사용한 정보는 버려도 문제되지 않는다.

　동료 여성이 자신의 존재를 '진심' 혹은 '논외'로 생각하는가를 추정하는 예에서 축차합리성을 생각해 보자. 다음과 같이 설정한다.

*사전확률 : '진심'일 확률은 0.5, '논외'일 확률은 0.5

▼초콜릿을 준다/주지 않는다에 대한 조건부 확률

타입	초콜릿을 줄 확률	초콜릿을 주지 않을 확률
진심	0.4	0.6
논외	0.2	0.8

▼메일을 빈번히 보낸다/별로 보내지 않는다에 대한 조건부 확률

타입	빈번히 보낼 확률	별로 보내지 않을 확률
진심	0.6	0.4
논외	0.3	0.7

이때 다음 괄호를 적절히 채우시오.

초콜릿을 받은 사실에 따른 개정
(진심&준다)의 확률 = (　　)×(　　) = (　　) …… (가)
(논외&준다)의 확률 = (　　)×(　　) = (　　) …… (나)

초콜릿을 받은 상황에서의 사후확률
(진심일 확률) : (논외일 확률) = (가) : (나) = (　) : (　) …… (다)

(다)를 사전확률로 설정하고 나서, 메일을 빈번히 받은 경우의 개정
(진심&빈번)의 확률 = (　　)×(　　) = (　　) …… (라)
(논외&빈번)의 확률 = (　　)×(　　) = (　　) …… (마)

(다)를 사전확률로 설정하고, 메일이 빈번히 올 때의 사후확률
(진심일 확률) : (논외일 확률) = (라) : (마) = (　　) : (　　) …… (바)

사전확률을 반반으로 설정하여, 초콜릿도 받고 메일도 빈번히 받았다는 2가지 정보를 이용해 개정
(진심&준다&빈번)일 확률 = (　　)×(　　)×(　　) = (　　) …… (사)
(논외&준다&빈번)일 확률 = (　　)×(　　)×(　　) = (　　) …… (아)

초콜릿도 받고 메일도 빈번히 받았을 때의 사후확률
(진심일 확률) : (논외일 확률) = (사) : (아) = (　　) : (　　) …… (자)

이때 (바)와 (자)가 일치하는 것이 축차합리성이다.

베이즈 추정은
정보를 얻을수록 더 정확해진다

13-1 '적당적당'한 추측에서 '더 정확한' 추정으로 만들려면

지금까지 베이즈 추정은 **'대략적이라는 측면은 있지만 없는 것보다 훨씬 나은'** 추정 방법임을 누차 이야기했다. 이름하여 '사장의 확률'이라 불렀다. 그 '대략'이란 주로 사전확률에서 기인한다. 사전확률은 '아무런 정보가 없기 때문에 일단 대등한 것으로 설정한다(이유 불충분의 원리)'든가, '주관적으로 설정한다' 등 아무래도 '대략적으로' 잡게 되기 때문이다.

그러나 한편으로는 사전확률을 그런 방식으로 설정한 덕분에 **정보(데이터)가 적어도 추정이 가능**하다는 이점이 생겼다. 베이즈 추정이 표준 통계적 추정(네이만 · 피어슨 식 추정)보다 더 편리한 이유도 이 때문이다.

뿐만 아니라 베이즈 추정에서는 추정에 사용한 정보를 일단 **사후확률에 반영시킨 뒤에는 버려도 관계없다**는 특출한 성질이 있다. 이것을 베이즈 추정의 학습 기능이라고 불렀다.

사실 베이즈 추정의 학습 기능에는 한 가지가 더 있다. 그것은 **'정보**

가 많아질수록 더 정확한 추정을 한다'는 성질이다. 도식으로 그리면 다음과 같다(**도표 13-1**).

도표 13-1　정보가 많으면 많을수록 더 정확한 추정이 이루어진다

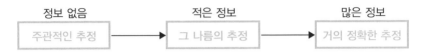

다음에서 그것이 뜻하는 바를 순차적으로 확인해 보자.

13-2　단지 문제에서 공을 두 개 꺼낸다

여기서는 제7강에서 사용한 색깔 공으로 채워진 단지의 예를 재차 사용하기로 한다. 문제설정은 다음과 같았다.

> † 문 제 설 정
>
> 눈앞에 단지가 하나 있는데, 단지 A 혹은 B라는 사실은 알고 있지만 겉으로 봐서는 어느 쪽인지 알 수가 없다. 단지 A에는 흰 공 아홉 개와 검은 공 한 개가, 단지 B에는 흰 공 두 개와 검은 공 여덟 개가 들어 있다는 지식을 가지고 있다.

제7강에서는 단지로부터 공을 한 개 꺼내어 그 색깔이 무엇인지에 따라 A인가 B인가를 확률적으로 추정해 보았다. 검은 공이면 A일 사후확률이 9분의 1, B일 사후확률은 9분의 8이 된다고 추정하였다.

여기서는 맨 처음 꺼낸 공을 다시 단지에 넣고 새로이 공을 한 개 뽑은 경우의 추정을 해 보자. 즉 첫 번째 공의 색깔과 두 번째 공의 색깔이라는 두 가지 정보를 사용한 추정이다. 두 번째 공이 검정 공인 경우

와 흰 공인 경우 양쪽을 추정할 수 있는데, 이때 제12강에서 배운 복수의 정보를 사용한 추정 방법을 활용한다.

먼저 단지가 A인지 B인지 모르는 상태에서 추정해야 하므로 타입은 A와 B 두 세계로 나뉜다. 각 타입의 사전확률은 '**이유 불충분의 원리**'에 따라 모두 0.5로 설정한다.

다음으로 조건부 확률에 대해 생각해 보자.
첫 번째가 검은 공이고 두 번째가 흰 공인 경우 흑&백으로 표기하기로 한다.
그러면 **확률의 승법공식**에 따라,

(흑&백일 확률) = (흑일 확률) × (백일 확률)

이라고 계산할 수 있다. 따라서 A단지라면,

(흑&백일 확률) = (흑일 확률) × (백일 확률) = 0.1 × 0.9 = 0.09

가 되고, B단지라면,

(흑&백일 확률) = (흑일 확률) × (백일 확률) = 0.8 × 0.2 = 0.16

이 된다.

이를 바탕으로 타입에 따라 A와 B 두 개로 나뉜 세계는 공의 조합에 의해 각각 네 개로 나뉘어 도합 여덟 개의 세계로 분기된다. 각각의 확률은 **도표 13-2**의 내용과 같다.

도표 13-2 두 가지 정보로 인해 세계는 여덟 개로 나뉜다.

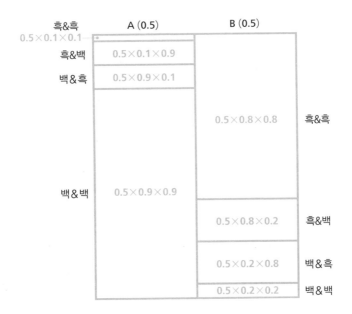

13-3 두 번째도 검은 공이었을 때의 추정

여기서는 두 번째에도 검은 공이 나왔을 경우에 대해 추정을 해보자. 첫 번째가 검은 공, 두 번째도 검은 공이므로 세계는 흑&흑이다. 따라서 흑&흑 이외의 세계는 소멸된다(**도표13-3**).

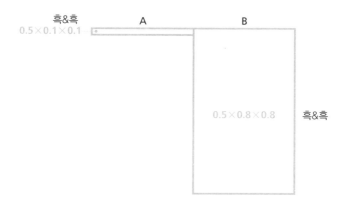

그림에서 정규화 조건을 충족하게 하면 사후확률은 다음과 같이 구할 수 있다.

(흑&흑일 때 A일 사후확률) : (흑&흑일 때 B일 사후확률)

$= 0.5 \times 0.1 \times 0.1 : 0.5 \times 0.8 \times 0.8$

$= 0.01 : 0.64$

$= 1 : 64$

$= \dfrac{1}{65} : \dfrac{64}{65}$

이와 같이 사후확률을 알게 되면 눈앞에 있는 단지가 B단지일 확률은 65분의 64(약 98%)로 높아진다. 즉 **도표 13-4**와 같은 단계적인 추정 결과를 얻을 수 있다.

도표 13-4 검은 공을 두 번 꺼냈을 때의 추정

　이것은 첫 번째 공이 검은 공이었기 때문에 단지 B일 사후확률이 약 0.89까지 높아지고, 다시 한 번 공을 뽑는데 이번에도 검은 공이 나왔기에 **단지 B일 가능성이 한층 농후해져 사후확률이 약 0.98까지 뛰어올랐음**을 보여준다. 즉 두 번째도 같은 색깔의 공이었다는 사실이 맨 처음 추정 결과를 강화시켜준 것이다.

13-4　두 번째가 흰 공이었을 때의 추정

　그렇다면 두 번째에 흰 공이 나왔다면 어떻게 될까?

　이 경우 도표 13-2에서 여덟 개로 나뉜 세계 중 흑&백의 세계만 남

도표 13-5 두 번째가 흰 공이었을 때의 추정

	A	B
흑&백	0.5×0.1×0.9	

	0.5×0.8×0.2	흑&백

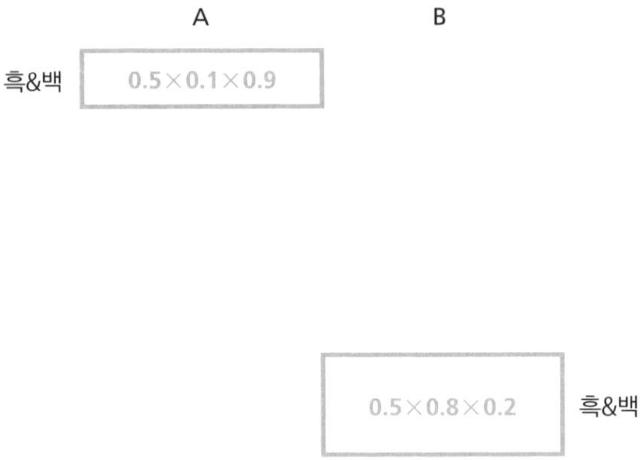

고 나머지 여섯 개의 세계는 소멸된다.

결과는 **도표 13–5**와 같으며 정규화 조건을 충족시켜 사후확률을 계산하면 다음과 같다.

(흑&백일 때 A일 사후확률) : (흑&백일 때 B일 사후확률)

$= 0.5 \times 0.1 \times 0.9 : 0.5 \times 0.8 \times 0.2$

$= 0.09 : 0.16$

$= 9 : 16$

$= \dfrac{9}{25} : \dfrac{16}{25}$

$= 0.36 : 0.64$

이상에 의해 **도표 13–6**과 같은 단계적인 추정 결과를 얻을 수 있다.

도표 13–6 첫 번째에 검은 공, 두 번째에 흰 공을 뽑았을 때의 추정

이 결과를 어떻게 해석해야 할까? 그것은 첫 번째가 검은 공이었기 때문에 B일거라는 추측이 농후해졌으나, 두 번째에는 흰 공이 나와서 그 추측이 다소 후퇴했다고 볼 수 있다. 확률로 따지면 첫 번째 추정 시 약 0.89까지 높았던 B일 가능성이 두 번째 추정에서 0.64까지 떨어진 것이다. 0.5보다는 크므로 완전히 반반(중립)까지 되돌아가지는 않았지만 B일 것이라는 추측이 후퇴했다는 사실은 명백하다.

13-5 최신 관측결과에 따라 결론이 달라진다

앞에서 설명했듯이 검은 공이 관측되면 단지 B일 사후확률이 커지며 흰 공이 관측되면 단지 A일 사후확률이 커진다. A는 압도적으로 흰 공이 많은 단지이고 B는 압도적으로 검은 공이 많은 단지이므로 이는 아주 자연스러운 일이다. **도표 13-7**은 단지 A일 사후확률을 a, 단지 B일 사후확률을 b로 하여 그림으로 풀이한 것이다.

도표 13-7   정보로부터 추정 결과가 어느 쪽으로 기우는가

구체적으로 어떤 계산으로 a와 b가 바뀌어 가는가를 생각해 보자.

현재 n번째까지의 추정 결과 단지 A일 사후확률이 a, 단지 B일 사후확률이 b라고 하자. (n + 1)번째가 검은 공인 경우 추정은 어떻게 이루어질까?

앞에서 해설한 베이즈 추정의 축차합리성에 따르면, (n + 1)번째 사후확률을 계산하기 위해서 그때까지 나온 n번의 공의 색을 열거할 필요는 없다. 그것은 이미 **n번째 사후확률에 전부 반영되어 있으므로** n번째의 **사후확률(단지 A → a, 단지 B → b)을 사전확률로 설정하고, n번째가 검은 공이라는 정보를 이용해 베이즈 추정**을 하면 그뿐이다. **도표 13-8**을 보면 다음과 같이 정규화 계산을 하면 된다는 것을 알 수 있다. n + 1번째 공을 관측한 뒤의 사후확률을 a', b'라고 하면,

(n + 1번째가 검은 공일 때의 A의 사후확률) : (n + 1번째가 검은 공일 때의 B의 사후확률)

$= a' : b'$

$= a \times 0.1 : b \times 0.8$

$= a : 8b$

$= \dfrac{a}{a + 8b} : \dfrac{8b}{a + 8b}$

a':b'=a:8b가 성립한다는 사실에서 알 수 있듯이 n번째 추정 결과의 확률인 b쪽만을 여덟 배의 비례 관계가 되므로 (더해서 1이 되는 것에 주의하면) a'는 a보다 작아지고, b'는 b보다 커질 것임을 감각적으로 이해할 수 있을 것이다.

도표 13-8　n + 1번째가 검은 공이었을 때의 변화

덧붙이자면 n + 1번째에 관측한 공이 흰 공인 경우에는 a':b'=9a:2b가 되어 a'는 a보다 커지고 b'는 b보다 작아질 것임을 알 수 있다(연습 문제를 통해 풀어보자).

앞에서 해설한대로 n번째 공의 관측으로 A일 사후확률이 a, B일 사후확률이 b라고 한 경우, n + 1번째에서 검은 공이 관측되었다면 사후확률의 비례 관계는,

a : b → a : 8b

로 개정된다. 이것은 단지가 B일 것이라는 의심이 짙어진다는 뜻이다. 왜 B쪽이 여덟 배가 될까? 그것은 A에서 검은 공이 관측될 확률이 0.1임에 대해 B에서 흰 공이 관측될 확률은 0.8로 여덟 배 크다는 점이 반영되었기 때문이다. 반대로 n + 1번째에 흰 공이 관측된 경우에는,

a : b → 9a : 2b

로 개정되어 단지가 A일 것이라는 의혹이 짙어진다.

가령 눈앞의 단지가 B였다고 치자. 이때 관측을 되풀이하면 검은 공을 꺼내는 횟수가 흰 공을 꺼내는 횟수에 비해 압도적으로 많을 것이다. 따라서 **관측을 반복할수록 B쪽의 수치 b가 커지는 횟수가 많아진다.** 그렇게 대량의 횟수를 관측하면 사후확률에서 b는 무한정 1에 가까워지고 a는 무한정 0에 가까워진다. 이것은 단지가 B라고 거의 단정적으로 추정된다는 것을 의미한다. 즉, **실제 단지와 추정한 단지가 B로 일치한다**는 뜻이다.

이상의 내용을 수학적으로 계산해서 보여주기는 상당히 번거로우므로, 가상의 수치를 통해 이해해 보기 바란다(**도표 13-9**).

도표 13-9　검은 공의 관측 횟수와 사후확률과 발생확률

검은 공 횟수	0	1	2	3	4
사후확률 b	$8.62 \times \frac{1}{10^{14}}$	$3.00 \times \frac{1}{10^{12}}$	$1.10 \times \frac{1}{10^{10}}$	$4.00 \times \frac{1}{10^9}$	$1.40 \times \frac{1}{10^7}$
발생확률	$1.05 \times \frac{1}{10^{14}}$	$8.00 \times \frac{1}{10^{13}}$	$3.20 \times \frac{1}{10^{11}}$	$8.00 \times \frac{1}{10^{10}}$	$1.30 \times \frac{1}{10^8}$

5	6	7	8	9	10
$5.22 \times \frac{1}{10^6}$	0.0002	0.007	0.1957	0.898	0.9968
$1.66 \times \frac{1}{10^7}$	$2.00 \times \frac{1}{10^6}$	0.00001	0.00009	0.0005	0.002

11	12	13	14	15	16
0.9999	1	1	1	1	1
0.0074	0.0222	0.0545	0.109	0.1746	0.2182

17	18	19	20
1	1	1	1
0.2054	0.1369	0.0576	0.0115

도표 13-9는 공을 20회 관측했을 때 검은 공이 나온 횟수에 대응하여 '단지가 B일 사후확률'이 몇이 되는가를 도표로 나타낸 것이다. 2단째 행이 '단지가 B일 사후확률'의 값을 나타낸다.

예컨대 '검은 공이 6번 나온' 경우는 표에서 볼 때 '단지가 B일 사후확률'이 0.0002다. 즉, 검은 공이 6회밖에 나오지 않으면 '단지가 B일 사후확률'은 그 값이 매우 작아진다. 한편 '검은 공이 9회 나온' 경우에 '단지가 B일 사후확률'은 0.898이다. 즉, 검은 공이 9회 정도 나왔다면

'단지가 B일 사후확률'의 값은 상당히 커진다.

따라서 '단지 B라면 검은 공이 나오는 횟수가 어느 정도로 관측되는가' 하는 점을 알고자 한 것이다. 이 표에서 3단 째 행은 실제로 단지가 B였을 경우, 검은 공이 1단 째 횟수로 관측된 확률을 나타내고 있다. 수치를 보면, 실제로 단지가 B였을 경우 검은 공이 관측된 횟수가 9회 이하일 확률은 대부분 아주 적음을 알 수 있다. 그런 일은 일단 일어나지 않는다고 판단해도 될 것이다. 그렇게 되면 검은 공이 관측될 횟수를 10회 이상으로 정해도 크게 위험할 것이 없다. 그 경우 베이즈 추정에 의한 'B일 사후확률' b는 모두 99% 이상이 된다. 즉 베이즈 추정은 단지가 정확히 B라고 판단을 내리고 있음을 나타낸다(물론 천문학적인 기적에 의해 검은 공의 관측 횟수가 8회 이하였다면 잘못된 추정에 이르게 된다).

이상은 어디까지나 구체적인 예시일 뿐이지만 **베이즈 추정은 관측을 많이 하면 할수록 정확한 결론을 내릴 수 있다**는 점에 수긍할 수 있으리라 생각한다.

①베이즈 추정은 정보에 따라 판단이 흔들리는 상태를 묘사한다.

②검은 공이 관측되면 검은 공이 많은 단지 쪽으로 판단이 기울고, 흰 공이 관측되면 흰 공이 많은 단지로 판단이 기운다.

③베이즈 추정에서는 정보가 대량 있으면 올바른 결론을 내릴 수 있다.

설정은 본문과 동일하다. 다음 괄호 안을 적절히 채우시오.

n번째까지의 추정 결과 '단지A일 사후확률'이 a이고, '단지B일 사후확률'이 b라고 하자. 이때 (n + 1)번째가 흰 공이었다. n + 1번째 관측 후 사후확률을 a':b'라고 한다면 축차 합리성에 의해 사후확률의 비는,

$$a':b' = a\times(\quad):b\times(\quad) = (\quad):(\quad)$$

정규화 조건을 충족하도록 하려면,

$$a':b' = \frac{(\qquad)}{(\qquad)} : \frac{(\qquad)}{(\qquad)}$$

이 식으로부터 a'는 a보다 ( )지며, b'는 b보다 ( )진다.

베이즈 역확률을 복권시킨 학자들

베이즈 역확률의 사고법은 피셔나 네이만 등의 거센 비판에 의해 20세기 초 일단 공식적으로 말살된다. 이후 1950년대에 와서 세 학자들의 연구에 의해 베이즈 역확률은 복권에 성공하는데, 그들이 바로 영국의 굿과 린들리, 미국의 새비지다.

굿은 제2차 세계대전 당시 영국군에서 수학자 튜링과 함께 암호해독 업무에 종사했다. 그때 베이즈 추정을 이용하여 눈부신 성과를 이룩했다. 이 업적은 오랫동안 기밀로 유지되다가 공개가 허용되고 나서야 발표되었다. 린들리는 통계학을 수학적으로 뒷받침하는 일을 하는 과정에서 베이즈 역확률에 공감을 가지게 되었고, 훗날 영국에서 베이즈통계학을 보급시키는 급선봉 역할을 하였다.

그중에서도 가장 큰 영향력을 지닌 것은 새비지의 연구였다. 새비지는 선천적으로 극도의 고도근시라 공부에 큰 지장을 받았다. 지적 장애라고 오해를 받아 진학에 어려움을 겪기도 했고, 어찌어찌하여 화학과에 진학하지만 실험이 적성에 맞지 않아 쫓겨나기도 했다. 그러다가 시카고대학에서 경제학자 프리드먼과 일을 하게 되었는데 그때 그곳에서 통계학 중심의 연구로 옮겨가게 되었다. 1954년에 간행된 《통계학의 기초》는 주관 확률을 숫자로써 정당화하는 이론으로 이후의 확률이론이과 통계학 등에 다대한 영향을 주게 되었다. 흥미로운 사실은 이 연구가 베이즈 역확률을 복권시키게 되리라고는 본인도, 또 이 논문의 존재를 일찍이 알았던 린들리조차도 알아차리지 못했다는 점이다. 이 시점에서는 아직 두 사람 모두 완전한 베이즈파가 아니었던 것이다. 그러나 이 새비지의 연구는 그 후 '베이지안 의사결정이론'이라 불리는 큰 분야의 출발점이 되는 성전과도 같은 저작이 되었다.

제**2**부

완전독학!
'확률론'에서
'정규분포에 따른 추정'까지

제1부에서는 베이즈통계학의 본질만을 부각시켰다. 그러다 보니 확률기호를 사용하지 않은 만큼 정확한 표현이 결여되어 있었다. '베타분포'와 같은 확률분포를 사용한 복잡한 추정을 습득하여 통계의 모든 것을 전수받기 위해서는 수식에 의거한 이해가 불가결하다. '면적도'로 토대를 잘 쌓았을 테니 이제 복잡해 보이는 확률기호도 쉽게 이해할 수 있을 것이다. 아주 확실하게 해설하였으니 '정규분포'를 모르는 사람이라도 걱정할 필요가 없다. 그럼 시작해 보자!

'확률'은 '면적'과 동일한
성질을 지닌다

» 확률론의 기본

14-1 복잡한 베이즈 추정에는 확률기호가 필요하다

지금까지의 강의에서는 베이즈 추정에 대해 의도적으로 확률기호를 쓰지 않고 해설을 해왔다. 그 이유는 제13강까지는 확률기호를 사용하지 않고도 베이즈 추정을 전개하는 데 무리가 따르지 않았기 때문이다. 실제로 모든 것을 면적도만으로 해결했다. 이를 확률기호를 써서 해설하면 베이즈 추정에 대한 이해와 확률기호에 대한 이해라는 이중 부담을 독자에게 강요하는 격이 되어 이해에 어려움이 따를 것이라는 노파심에 본질적으로는 이와 동일한 면적도를 활용하여 설명한 것이다.

그러나 이 이상 복잡한 베이즈 추정을 실시하려면 확률기호를 사용하지 않는 편이 오히려 더 걸리적거린다. 특히 연속형 사전분포(제16강에서 해설)를 사용하는 경우, 확률기호를 쓰지 않으면 기술 자체가 거의 불가능해 질 것이다. 그래서 14강부터 18강까지는 확률기호와 연속형 확률분포에 대해 강의하고, 19강부터 21강까지에 걸쳐 베이즈 추정의 최고봉인 베타분포와 정규분포를 사용한 베이즈 추정에 도달해 보자.

확률이란 '사건'에 '0이상 1이하의 수치'를 하나 대응시키는 것을 뜻하는 수학 개념이다.

[사건] → [수치] (단, [수치]는 0이상 1이하)

사건을 골라 그것에 대한 수치를 할당한 것을 **확률 모델**이라 부른다. 예컨대 '내일 날씨'라는 것을 확률 모델로 만든다면,

{맑음, 흐림, 비, 눈}

네 가지 사건에 각각 0이상 1이하의 수치를 할당함으로써 하나의 확률 모델이 탄생한다. 단, 할당하는 네 가지 수치의 합은 반드시 1이어야 한다(**정규화 조건**). 이하는 이 확률 모델의 일례다.

맑음 → 0.3, 흐림 → 0.4, 비 → 0.2, 눈 → 0.1

여기서 기초가 되는 네 가지 사건인 맑음, 흐림, 비, 눈을 '근원사상'이라 부른다. **주목하고 있는 확률 현상을 기술하기 위한, 이 이상은 분해할 수 없는 가장 근본이 되는 사건**이기 때문이다.

근원사상을 몇 가지 조합하여 '사건'을 만들 수 있다. 가령 **'우산을 사용한다'**라는 사건은 비나 눈이라는 근원사상이 일어났을 때 실현되므로,

[우산을 사용한다] = {비, 눈}

같은 집합을 사용하여 기술할 수 있다. 이 집합 {비, 눈}을 '**사상(事象)**'이라 부른다. 근원사상도 본래 {맑음}, {흐림}, {비}, {눈} 의 집합 형태로 표시하면 사상의 일종임을 이해할 수 있다.

다음으로 이 확률 모델에서 사상 A가 일어날 확률은 $p(A)$라는 기호로 기술한다.

p는 probability(확률)의 첫 철자를 따온 것이다. 당연히 $p(A)$는 0 이상 1이하의 수치다. 앞선 예에서는 근원사상에 대해서 다음과 같이 쓸 수 있다.

$$p(\{맑음\}) = 0.3,\ p(\{흐림\}) = 0.4,\ p(\{비\}) = 0.2,\ p(\{눈\}) = 0.1$$

이때 $p(\{맑음\})$ = 0.3은 '내일 날씨가 맑을 확률이 0.3'이라는 것을 의미한다.

근원사상이 아닌 사상에 대한 확률은 **그 사상을 구성하는 근원사상의 확률의 합**으로 정의된다. 예를 들어, 조금 전의 사상 '우산을 사용한다'의 확률은 다음과 같다.

$$p('우산을 사용한다') = p(\{비, 눈\}) = p(\{비\}) + p(\{눈\})$$
$$= 0.2 + 0.1 = 0.3$$

이것은 '**우산을 사용한다는 현상**이 일어날 확률이 0.3'이라는 것을 기술한 것이다. 이 예로부터 **말로 쓰는 것보다 확률기호로 기술하는 쪽이 훨씬 간단**

하다는 사실을 잘 관찰해 보기 바란다. 이상의 기호법을 정리하면 사건을 사상이 나타내는 것으로써 다음과 같은 도식이 성립한다.

확률p:[사상] → [수치],　[수치] = p(사상)

또 한 가지 대표적인 확률 모델로서 '주사위를 던져서 나오는 눈'의 예를 생각해 보자. 이 경우 근원사상은,

{눈1, 눈2, 눈3, 눈4, 눈5, 눈6}

이 된다. 그런데 '눈'이라는 말은 불필요하므로 다음과 같이 숫자로만 표시해도 무방하다.

{1, 2, 3, 4, 5, 6}

즉 근원사상을 수의 집합으로 설정할 수 있다는 뜻이다. 이때 사상도 수의 집합이 된다. 그 예는 다음과 같다.

'짝수' = {2, 4, 6}
'4이하' = {1, 2, 3, 4}

따라서 확률의 할당은 먼저 근원사상에 대해 자연히 다음과 같이 설정된다.

$$p(\{1\}) = \frac{1}{6}, \ \ p(\{2\}) = \frac{1}{6}, \ \ p(\{3\}) = \frac{1}{6}, \ \ p(\{4\}) = \frac{1}{6},$$
$$p(\{5\}) = \frac{1}{6}, \ \ p(\{6\}) = \frac{1}{6}$$

그러므로 사상에 대해서는 예컨대 다음과 같이 정해진다.

$$p(\text{'짝수'}) = p(\{2, 4, 6\}) = \frac{1}{6} + \frac{1}{6} + \frac{1}{6} = \frac{1}{2}$$
$$p(\text{'4이하'}) = p(\{1, 2, 3, 4\}) = \frac{1}{6} + \frac{1}{6} + \frac{1}{6} + \frac{1}{6} = \frac{2}{3}$$

여기서 '짝수'라는 사상을 E, '4이하'라는 사상을 F라는 기호로 대체하면,

$$p(\text{E}) = \frac{1}{2}, \ p(\text{F}) = \frac{2}{3}$$

로 나타낼 수 있다.

14-3 확률은 면적과 동일한 성질을 지닌다

앞에서 이야기한 근원사상, 사상, 확률의 정의로부터 **'확률은 면적과 같은 성질을 가지고 있다'**는 사실을 쉽게 알 수 있다.

실제로 주사위 던지기의 확률 모델을 **도표 14-1**과 같이 그림으로 풀이해 보자. 이것은 이제까지 여러 차례 설명했던 직사각형의 분할도(세계의 분기도)와 완전히 똑같다. 그리고 예를 들어 사상 F = '4이하'의 확률을 나타내는 $p(\text{F})$는 직사각형 1에서 4까지의 면적을 나타내는

수치와 일치함을 확인할 수 있다.

도표 14-1 확률 모델의 면적도

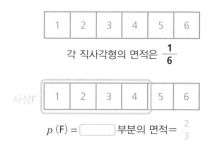

각 직사각형의 면적은 $\dfrac{1}{6}$

사상F

p (F) = ☐ 부분의 면적 = $\dfrac{2}{3}$

확률이 면적임을 이해했다면 다음의 성질은 당연한 것이라고 수긍할 수 있다. 이하에서 'A or B'라는 사상은 'A나 B 중 한 쪽은 일어난다'는 사상을 의미한다.

확률의 가법법칙(加法法則)

사상 A와 사상 B는 중첩되는 부분, 즉 공통의 근원사상이 없다고 하자.

이때 사상 'A or B'의 확률은 A의 확률과 B의 확률의 합이 된다. 즉,

$$p(A \text{ or } B) = p(A) + p(B)$$

이 법칙은 확률이 면적과 동일하다는 사실에 입각하여 **도표 14-2**를 보면 간단히 이해할 수 있을 것이다.

도표 14-2　확률의 가법법칙

A = '2이하', B = '5이상', 'A or B'= {1,2,5,6}

p (A) =왼쪽 [   ] 의 면적

p (B) =오른쪽 [   ] 의 면적

p (A 또는 B) =좌우 [   ] 면적의 합계

14-4　베이즈 추정의 사전확률을 확률기호로 나타내면?

이상의 사상과 확률기호를 이용하면 지금까지 공부한 베이즈 추정의 사전확률에 대해 확률기호를 사용하여 새로이 표기할 수 있게 된다.

예컨대 제2강의 예에서는 타입이 '암'과 '건강'이었다. 따라서 확률모델의 근원사상의 집합은,

{암, 건강}

이 된다. 그리고 각각에 할당한 사전확률은 통계적인 이환율을 반영하여,

p(암) = 0.001, p(건강) = 0.999

로 하였다. 이것은 **도표 14-3**(도표 2-1과 같다)에서 면적 1의 직사각

형을 0.001의 면적인 직사각형과 0.999인 면적의 직사각형 두 개로 분할하는 것에 대응한다.

도표 14-3　암 이환율에 따른 사전분포

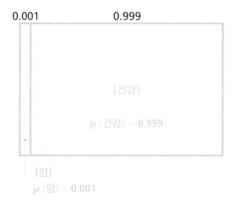

또 제4강에서 소개했던 어느 부부에게서 태어날 둘째 아이가 여아일 확률은 어느 정도인가의 확률 모델에서는 어느 부부에게서 여자아이가 태어날 확률p의 수치를 $p(\{0.4\})$로 설정하면 된다. 근원사상이 확률이라는 부분도 헷갈릴 수 있는데, 그렇게 뜬금없는 이야기는 아니다. 근원사상으로 $\{0.4\}$, $\{0.5\}$, $\{0.6\}$을 설정하면 된다. 여기서 '0.4'라는 것은 '이 부부로부터 다음에 여자아이가 태어날 확률이 0.4다'라는 사건을 의미한다. 주사위의 눈과 마찬가지라고 생각하면 될 것이다. **도표 14-4**(도표 4-1과 같다)의 직사각형 면적을 확률기호로 표시하면 사전분포는 다음과 같이 나타낼 수 있다.

$$p(\{0.4\}) = \frac{1}{3}, \; p(\{0.5\}) = \frac{1}{3}, \; p(\{0.6\}) = \frac{1}{3}$$

$$\frac{1}{3} \qquad \frac{1}{3} \qquad \frac{1}{3}$$

{0.4}	{0.5}	{0.6}
$p(\{0.4\})$ $= \frac{1}{3}$	$p(\{0.5\})$ $= \frac{1}{3}$	$p(\{0.6\})$ $= \frac{1}{3}$

$p(\{0.4\})$라고 썼을 경우 안에 쓴 0.4도 확률이고 전체 $p(\{0.4\})$도 확률이라서 헷갈릴 수 있겠지만, 안에 있는 확률 '0.4'는 '어느 부부에게 태어날 둘째 아이가 여아일 확률이 0.4다'라는 근원사상(사건)을 의미하며, 전체인 '$p(\{0.4\})$'는 그 근원사상을 어느 정도 크기의 가능성으로 보는가에 대한 **신념의 정도**를 나타내므로 의미가 전혀 다르다는 것을 알아두자.

14-5   '&'로 연결된 사상을 확률기호로 나타내면?

다음으로 베이즈 추정에서 기본이 되는 '&'로 연결된 사상의 확률에 대해 알아보자. 제10강에서 해설한 것처럼 두 가지 확률현상을 합체한 경우는 '&'로 연결한 사상을 만든다. 이것은 **직적시행**이라 불리는 시행이 된다. 가장 알기 쉬운 예는 동전 던지기와 주사위 던지기를 합체한 것이다(**도표 14-5**).

동전 던지기 시행의 귀결
앞
뒤

주사위 던지기 시행의 귀결					
1	2	3	4	5	6

▼

직적시행의 귀결					
앞&1	앞&2	앞&3	앞&4	앞&5	앞&6
뒤&1	뒤&2	뒤&3	뒤&4	뒤&5	뒤&6

다시 한 번 말하면, 동전 던지기 시행과 주사위 던지기 시행을 합체하여 직적시행을 만들려면 도표 14-5와 같이 세로 방향에는 동전 던지기를, 가로 방향에는 주사위 던지기를 열거하여 격자상(매트릭스)을 만든다. 그리고 각 칸은 (동전 던지기의 귀결)&(주사위 던지기의 귀결)과 같은 형태로 '&'로 연결한 귀결로 채운다. 이것이 **직적시행이라는 확률 모델에서의** 근원사상이 된다. 즉 다음 열두 개가 근원사상이 된다.

앞&1, 앞&2, 앞&3, 앞&4, 앞&5, 앞&6
뒤&1, 뒤&2, 뒤&3, 뒤&4, 뒤&5, 뒤&6

이때 원래의 동전 던지기 사상이나 주사위 던지기 사상은 상기의 근원사상을 사용하여 나타낼 수가 있다. 예컨대 동전 던지기의 '앞'이라는 사상은 다음과 같이 표현할 수 있다.

'앞' = {앞&1, 앞&2, 앞&3, 앞&4, 앞&5, 앞&6}

이것은 주사위 눈이 무엇이든 간에 동전은 '앞'이 나온다는 뜻이다. 마찬가지로 주사위 던지기의 '2'라는 사상은 다음과 같이 나타낼 수 있다.

'2' = {앞&2, 뒤&2}

또 사상 '앞'과 사상 '2'가 모두 일어나는 것은 '앞'과 '2'에 공통적으로 포함된 근원사상 (앞&2)이므로, ('앞' 동시에 '2')라는 논리적 접합이 그대로 {앞&2}가 되어 정합성이 유지된다.

도표 14-6   직적공간에서 원 시행의 사상

그런데 이 직적시행에서의 확률도 지금까지 해설한 것과 마찬가지로 칸의 면적에 대응시켜 정의할 수 있다. 제10강에서 해설한 대로 동전 던지기와 주사위 던지기는 독립시행(무관계한 시행)으로 정의되므로 열두 개의 모든 근원사상에 대해,

p(동전 던지기의 귀결&주사위 던지기의 귀결)

$= p$(동전 던지기의 귀결)$\times p$(주사위 던지기의 귀결)

이 성립하도록 근원사상의 확률이 도입된다. 즉, **우변의 곱셈으로부터 좌변의 확률이 정의된다**고 생각해도 무방하다. 예컨대 다음과 같이 계산된다.

$$p(\{뒤\&4\}) = p(\{뒤\})\times p(\{4\}) = \frac{1}{2} \times \frac{1}{6} = \frac{1}{12}$$

즉 열두 개의 근원사상에는 어느 것이나 확률이 12분의 1로 할당된다.

이와 같이 도입한 직적시행의 확률 모델은 본래의 모델과 모순되지 않는다. 14-3절에서 해설한 **'확률의 가법법칙'**을 사용하면 다음과 같이 계산되어 정확히 동전 던지기(만)의 확률과 정합을 이룬다.

$$p(\{앞\}) = p(\{앞\&1, \ 앞\&2, \ 앞\&3, \ 앞\&4, \ 앞\&5, \ 앞\&6\})$$
$$= p(\{앞\&1\}) + p(\{앞\&2\}) + p(\{앞\&3\}) + p(\{앞\&4\}) +$$
$$p(\{앞\&5\}) + p(\{앞\&6\})$$
$$= \frac{1}{12} \times 6$$
$$= \frac{1}{2}$$

① 확률 모델은 근원사상, 사상(事象), 확률에 의해 구성된다.

② 근원사상이란 이 이상 분해할 수 없는 근본적인 사건을 말한다.

③ 사상은 근원사상을 몇 가지 모아 놓은 집합을 말한다.

④ 근원사상에 대해서 그 확률은 $p(\{e\})$로 표시한다.

⑤ 예를 들어 근원사상 e, f, g로 구성된 사상$\{e, f, g\}$의 확률은

$p(\{e, f, g\}) = p(\{e\}) + p(\{f\}) + p(\{g\})$로 정의된다.

⑥ '확률의 가법법칙'이란 A와 B가 중첩되지 않는 사상일 때,

$p(A \text{ or } B) = p(A) + p(B)$

가 성립하는 것이다.

⑦ 두 가지 확률현상을 결합하여 만드는 직적시행은 a & b와 같은 근원사상으로 이루어져 있으며, 이 확률은 통상 승법법칙이 성립하도록 정의(독립시행으로 가정된다)되므로 다음과 같이 곱셈으로 계산할 수 있다.

$p(\{a \& b\}) = p(\{a\}) \times p(\{b\})$

연습문제

'확률의 가법법칙'을 사상에 중첩이 있는 경우에 대해 생각해 보자.
A와 B가 겹치는 부분을 C라고 한다.

그림을 보면서 확률이 면적과 같은 의미를 지닌다는 사실에 입각하여 괄호를 채우시오.
$p(A \text{ or } B) = p(\quad) + p(\quad) - p(\quad)$

정보를 얻은 후
확률의 표시법

» '조건부 확률'의 기본적인 성질

15-1 '조건부 확률'을 사용하여 '베이즈 역확률'을 나타내려면

이제까지의 강의를 통해 알고 있겠지만 베이즈 추정에서 가장 중요한 사고법은 **'정보를 얻었을 때 확률이 변화한다'**는 것이다. 제2강의 예로 말하면, 당신이 암인가 건강한가에 따라 종양 마커 검사에서 양성이 나올 확률은 달라진다. 또 제3강의 예로 말하면, 동료 여성이 당신을 '진심'으로 생각하느냐 '논외'로 생각하느냐로 초콜릿을 줄 확률은 달라진다.

이처럼 정보의 유무와 종류에 따라 확률이 달라지는데 그것을 기술하는 것이 바로 **조건부 확률**이다. 조건부 확률은 고등학교 수학 과정에서도 배우지만 베이즈 추정을 기술하는 데 가장 중요한 요소이므로 이번 강의에서 기초부터 설명하려고 한다. 그리고 이를 바탕으로 해서 **조건부 확률을 사용하여 베이즈 역확률을 표현하는 공식**을 소개한다.

15-2 '조건부 확률'이란 부분을 전체로 간주하여 수치를 수정하는 것

여기서는 주사위 던지기를 예로 설명한다.

가령 당신이 상자 안에 주사위를 한 개 넣고 뚜껑을 닫아 흔들었다고 하자. 이때 당신은 상자 속 주사위의 눈이 몇을 나타낼지에 대해 추측하려고 한다. 주사위 눈이 짝수일 확률을 구해보자. '주사위 눈이 짝수다'라는 사상을 E로 표기한다면 다음과 같다.

E = {2, 4, 6}

그리고 주사위 던지기의 확률 모델에서 사상 E의 확률은,

$$p(E) = \frac{3}{6} = \frac{1}{2}$$

이 된다(제14강 참조).

그런데 이때 제3자가 상자의 뚜껑을 열어 당신은 보지 못하게 하고 안을 훔쳐봤다. 그 제3자가 당신에게 '6이 아니다'라고 가르쳐 주었다면 확률은 어떻게 될까? 당연히 6일 가능성이 사라지기 때문에 당신의 예측한 확률은 달라진다. 이와 같이 '6이 아니다'라는 정보를 얻은 경우에 '짝수일' 확률을 **조건부 확률**이라고 부른다.

'6이 아니다'라는 사상을 F로 표기하자.

F = {1, 2, 3, 4, 5}

이때 사상 F가 일어났다는 정보하에서 사상 E의 확률을 다음과 같이 표기한다.

$$p(\text{E} \mid \text{F})$$

$p(\mid)$라는 표기에서는 기호의 우측이 얻은 정보를 나타낸다.

이 수치를 구하려면 **도표 15-1**과 같이 면적도의 사고를 이용하면
된다.

도표 15-1　조건부 확률의 사고법

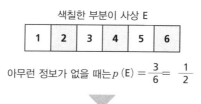

색칠한 부분이 사상 E

| 1 | 2 | 3 | 4 | 5 | 6 |

아무런 정보가 없을 때는 $p(\text{E}) = \dfrac{3}{6} = \dfrac{1}{2}$

사상 F라는 정보를 입수

사상 F

| 1 | 2 | 3 | 4 | 5 | 6 |

사상 E와 사상 F의 중첩

전체가 F = {1, 2, 3, 4, 5}
로 변화한다. F와 중첩된 부분에서 사상 E는
전체의 5분의 2를 차지하므로

$$p(\text{E} \mid \text{F}) = \dfrac{2}{5}$$

도표 15-1과 같이 아무런 정보가 없을 때는 사상 E가 전체 면적의
절반을 차지하고 있으므로 그 확률 $p(\text{E})$는 2분의 1이 된다. 그러나 '6이
아니다'라는 사상 F를 정보로 얻음으로 하여 주목해야 할 전체는 사상
F가 된다. 이로써 두 가지 측면에서 추측치를 변경할 필요가 발생한다.

변경1: 사상 F가 전체가 되었으므로 사상 F의 확률이 1로 설정되어야 한다. 즉 F의 면적을 1로 간주한다.

변경2: 사상 F로 세계가 한정되었기 때문에 사상 E와 F의 공통부분에 한정하여 확률을 생각해야 한다. 즉, 주목해야 할 사상은,

E와 F의 중첩 = {2, 4}

가 되어야 한다.

이상의 두 가지 변경에 의해 구해야 하는 확률 $p(E \mid F)$, 즉 **사상 F가 일어났다는 정보하에서 E의 조건부 확률**은, F를 전체로 생각하여 '**E와 F의 중첩'이 F안에서 차지하는 비율**이 된다. 따라서,

(E와 F가 중첩된 면적) ÷ (F의 면적)

의 나눗셈으로 구할 수 있으므로,

$$p(E \mid F) = p(\text{E와 F의 중첩}) \div p(F)$$

라는 계산으로 정의된다.

실제로 계산해 보면 다음과 같이 나온다.

$$p(E \mid F) = p(\{2,4\}) \div p(\{1, 2, 3, 4, 5\}) = \frac{2}{6} \div \frac{5}{6} = \frac{2}{5}$$

이 경우는 정보 F가 없는 경우에는 E의 확률이 2분의 1(= 0.5)이었지만, 정보 F를 얻음으로 하여 전체가 하나 적어지고, 또 짝수도 하나 줄어들게 됨을 알 수 있었다. 짝수가 한 개 줄어든 효과가 영향을 크게 미쳐 결국 E의 확률은 5분의 2(= 0.4)로 줄어들게 된 것이다.

요컨대 **조건부 확률이란 얻은 정보인 사상을 전체로 재설정하고, 가능성이 사라진 근원사상을 소멸시켜서 비율을 새로이 정하는 것이다.**

이상의 설명은 그대로 일반화할 수 있으므로 공식으로서 정리해 두자.

조건부 확률의 공식

사상 B라는 정보를 얻었을 때 사상 A의 조건부 확률 $p(A \mid B)$는 다음 식으로 정의된다.

$$p(A \mid B) = p(\text{A와 B의 중첩}) \div p(B)$$

15-3 타입이 부여된 확률 = '조건부 확률'

베이즈 추정에서 조건부 확률을 사용할 때는 두 단계로 이루어진다. 제1단계는 타입별로 데이터의 확률을 설정할 때, 제2단계는 사후 확률을 계산할 때 사용된다. 중요한 점은 어느 쪽이건 간에 직적시행의 성질을 훌륭하게 살리고 있다는 점이다. 여기서는 전자의 경우를 설명한다.

예로써 제7강과 제13강에서 다루었던 단지 속 색깔 공의 사례를 이용하자.

한 번 더 설명하면 문제설정은 다음과 같았다.

> † 문제설정
>
> 눈앞에 단지가 한 개 있는데, 단지 A 혹은 B라는 것은 알고 있지만 겉으로 봐서
> 는 어느 쪽인지 알 수가 없다. 단지 A에는 흰 공 아홉 개와 검은 공 한 개가 들
> 어 있고, 단지 B에는 검은 공 여덟 개와 흰 공 두 개가 들어 있다는 지식을 가지
> 고 있다. 이때 단지에서 공을 한 개 꺼냈더니 검은 공이었다. 눈앞의 단지는 어
> 느 단지일까?

이 예에서는 세계의 네 개로 분기된다. 사상의 단어를 사용하면,

근원사상의 집합 = {A&흑, A&백, B&흑, B&백}

이라는 직적시행의 근원사상들이 된다(**도표 15-2**).

제7강이나 제13강에서는 '단지 A에서 검은 공이 나올 확률이 0.1'
이라고 했지만 그 의미를 엄밀하게 설명하지 않았다. 사실 이 '단지 A
에서 검은 공이 나올 확률'이란 그야말로 앞에서 정의한 조건부 확률
을 말한다. 그것은 '단지는 A다'라는 정보하에서 '검은 공이 나올' 확률
을 의미한다.

도표 15-2 **조건부 확률의 설정**

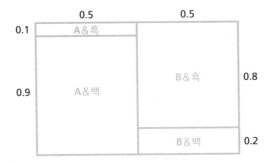

완전독학! '확률론'에서 '정규분모에 따른 추정'까지

식으로 써보면

$$p(흑 \mid A) = 0.1$$

을 부여했다는 뜻이다. 제7강에서 A&흑의 확률을 0.5×0.1로 계산했던 것을 떠올리기 바란다. 이 계산은 앞에서 다룬 조건부 확률의 정의를 사용하면 다음과 같이 정합적인 계산임을 이해할 수 있을 것이다.

도표 15-3 A&흑은 사상 'A'와 사상 '흑'의 중첩

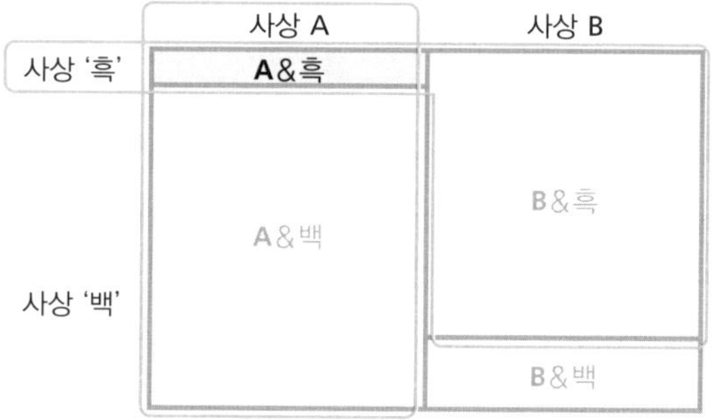

먼저 **도표 15-3**을 보자. 직적시행에서 사상 'A'는,

$$A = \{A\&흑, A\&백\}$$

으로 기술할 수 있다. '단지는 A, 공은 어느 쪽이든 좋다'라는 사상이다. 마찬가지로 사상 '흑'은,

$$'흑' = \{A\&흑, B\&흑\}$$

으로 기술할 수 있다. 따라서,

사상 A와 사상 '흑'의 중첩 = {A&흑}

이와 같이 직적시행 속에서 사상의 중첩은 자연스레 '&'와 동일한 것이 된다.

그렇다면 앞의 조건부 확률의 정의에서

$$p(흑 \mid A) = p(사상 A와 사상 '흑'의 중첩) \div p(A)$$
$$= p(A\&흑) \div p(A)$$

이 된다. 이 식을 곱셈으로 고치면 다음과 같다.

$$p(A\&흑) = p(A) \times p(흑 \mid A) \quad \cdots(1)$$

여기서 타입 A의 확률이 0.5이고 A에서 흑이 관측될 조건부 확률 $p(흑 \mid A)$가 0.1이라고 설정되어 있으므로 A&흑의 확률은 다음과 같이 곱셈으로 계산된다.

$$p(A\&흑) = 0.5 \times 0.1 = 0.05 \quad \cdots(2)$$

이는 **확률이 직사각형의 면적**이라는 원리와 정합적임을 나타낸다. 이상을 추상적으로 기술하면 베이즈 추정에서 다음과 같은 공식을 얻을 수 있다.

& 사상의 확률법칙

$$p(\text{타입}\,\&\,\text{정보}) = p(\text{타입}) \times p(\text{정보} \mid \text{타입})$$

즉, 타입과 정보를 &로 연결한 가능세계의 확률은, '타입의 사전확률'과 〈그 타입〉하에서 그 정보를 얻을 수 있는 조건부 확률'의 곱셈으로 구할 수 있다.

15-4 조건부 확률의 공식을 통해 사후확률을 이해한다

그렇다면 이제 베이즈 추정에서 조건부 확률의 제2단계 사용법에 대해 알아보기로 하자.

베이즈 추정이란 단지의 예로 말하면 '검은 공이었다'는 사실로부터 '단지 B일' 확률을 추정하는 것이다. '검은 공'이라는 것은 관측의 '결과'이며 '단지 B'라는 것은 '원인'이므로 **결과'로부터 '원인'을 계산**하는 상당히 기묘한 추론처럼 보인다. 어째서 이런 곡예와 같은 일이 가능한 것일까? 그 장치는 조건부 확률을 정의하는 방식에 있다.

우리가 구하려는 것은 '검은 공이었다'는 정보하에서 '단지 B일' 확률이다. 조건부 확률이 명확히 정의된 지금, 이것을 적나라하게 표현할 수 있다. 즉,

$$p(\text{B} \mid \text{흑})$$

이라는 조건부 확률이 이에 해당한다. 이 조건부 확률의 계산은 15-2절에서 소개했듯이,

$$p(\text{B} \mid \text{흑}) = p(\text{B}\,\&\,\text{흑}) \div p(\text{흑}) \quad \cdots(3)$$

계산으로 구할 수 있다. 따라서 확률$p(\text{B}\,\&\,\text{흑})$와 확률$p(\text{흑})$의 수치를 알면 나눗셈으로 구할 수 있다는 뜻이다.

전자인 $p(\text{B}\,\&\,\text{흑})$는 조금 전 (1) (2)식에서 $p(\text{A}\,\&\,\text{흑})$를 구한 것과 동일한 계산으로 구할 수가 있다. 즉 다음과 같다.

$$p(\text{B}\,\&\,\text{흑}) = p(\text{B}) \times p(\text{흑} \mid \text{B}) \quad \cdots(4)$$

이때 조건부 확률$p(\ )$ 안의 좌우가 슬그머니 바뀌어 있다는 사실에 주목해 보자. (3)에서는 $p(\text{B} \mid \text{흑})$였는데 (4)에서는 $p(\text{흑} \mid \text{B})$가 되었다. 전자는 구하려는 수치이고 후자는 모델의 설정으로부터 0.8임을 알고 있다. 이 사상 'B'와 사상 '흑'의 뒤바뀜에 베이즈 추정의 비밀이 감춰져 있다. 그렇다면 (4)는 다음과 같이 계산된다.

$$p(\text{B}\,\&\,\text{흑}) = 0.5 \times 0.8 = 0.4 \quad \cdots(5)$$

다음으로 확률 $p(\text{흑})$인데, 이것은 '흑'이라는 사상이

'흑' = {A&흑, B&흑}

으로 &을 사용한 근원사상으로 표현할 수 있기에 다음과 같이 구할 수 있다.

$$p(흑) = p(A\,\&\,흑) + p(B\,\&\,흑)$$

우변의 제1항은 (1)에서, 제2항은 (4)식에서 구했으므로 대입하면,

$$p(흑) = p(A) \times p(흑 \mid A) + p(B) \times p(흑 \mid B) \quad \cdots (6)$$

이 된다. 따라서 (4)와 (6)을 (3)에 대입하면,

$$p(B \mid 흑) = \frac{p(B)p(흑 \mid B)}{p(A)p(흑 \mid A) + p(B)p(흑 \mid B)} \quad \cdots (7)$$

이라는 계산식이 나온다. 이것이 바로 **'베이즈 공식'**이다.

구체적으로 계산하면,

$$p(B \mid 흑) = 0.5 \times 0.8 \div \{0.5 \times 0.1 + 0.5 \times 0.8\} = 0.4 \div 0.45 = \frac{8}{9}$$

이다. (7)식은 다음과 같은 시점으로 보자. 좌변은 '흑'이라는 결과에서 'B'라는 원인으로 거슬러 올라가는 확률이므로 직관적으로는 알기 어렵다. 한편 우변에서 $p(A)$와 $p(B)$는 타입의 사전확률, $p(흑 \mid A)$와 $p(흑 \mid B)$는 원인에서 결과를 낳는 확률이므로 설정에서 주어진다. 즉, (7)식은 잘 알고 있는 확률(우변)에서 직관적으로는 알 수 없는 확률(좌변)을 도출하는 식의 계산이 이루어진다.

(7)을 그 자체 그대로 바라보면 식 계산이 복잡하여 어지럽게 느껴질 것이다. 그래서 면적도에 이제까지의 확률기호를 적어 넣고 이를 통

해 **지금의 계산이 이제까지 면적도를 활용한 방법을 그대로 수식화한 것뿐임**을 밝혀보자.

도표 15-4   베이즈 역확률의 식

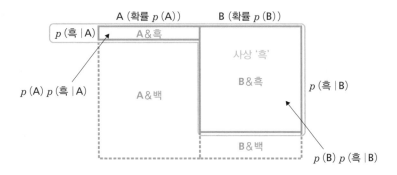

도표 15-4를 보자. 이제까지 구한 방식으로 해보면 '흑'이라는 정보 하에서 다음과 같은 비례관계가 성립한다.

(A의 사후확률) : (B의 사후확률)
= (A&흑의 면적) : (B&흑의 면적)

이것을 조건부 확률로 기술하면 다음과 같은 비례식이 나온다.

p(A)p(흑 | A) : p(B)p(흑 | B)   …(8)

(8)식의 좌우 계산은 직사각형의 가로세로 길이인 확률을 곱한 것과 같다. 그리고 정규화 조건을 충족하도록 변형하면(비의 좌우 값의 합으로 나누면),

$$p(A)p(흑 \mid A) : p(B)p(흑 \mid B)$$

$$= \frac{p(A)p(흑 \mid A)}{p(A)p(흑 \mid A) + p(B)p(흑 \mid B)} : \frac{p(B)p(흑 \mid B)}{p(A)p(흑 \mid A) + p(B)p(흑 \mid B)}$$

이로부터 다음의 식을 얻을 수 있다.

$$(B일\ 사후확률) = \frac{p(B)p(흑 \mid B)}{p(A)p(흑 \mid A) + p(B)p(흑 \mid B)} \quad \cdots (9)$$

이 마지막 식은 (7)과 완전히 일치한다.

이것을 조건부 확률을 설명한 면적비 안에서 재검토해 보자.

지금 흑이라는 정보를 얻은 사실하에서 B의 조건부 확률이라는 것은 15-2절에서 해설하였듯이 A&흑의 직사각형과 B&흑의 직사각형을 합한 세계(사상 '흑'인 세계)에서, B&흑인 직사각형이 어느 정도의 면적 비율을 차지하고 있는가 하는 수치를 말한다. (8)의 비에서 왼쪽은 A&흑의 직사각형 면적이고 비의 오른쪽은 B&흑의 직사각형 면적이므로, 좌우의 합으로 오른쪽을 나누는 것은 실로 '흑'의 세계 중에서 B&흑의 직사각형이 어느 정도의 비율을 차지하는가를 계산하는 것과 같다. 다시 말해 마지막 계산은 조건부 확률 $p(B \mid 흑)$의 면적이라는 의미에 잘 합치된다.

마지막으로 중요한 포인트를 짚어보자. **베이즈 추정으로 사후확률을 계산하는 경우 (7)식의 분모는 그다지 신경 쓸 필요가 없다.** 포인트가 되는 것은 비례식 (8)이며, (7)이나 (9)의 분모는 정규화 조건을 복구하는 과정일 뿐이므로 무시해도 관계없다. 어디까지나 중요한 것은 비례관계라는 점이다. 꼭 기억해야 할 것은 비례식 (8)만으로 충분하다.

제 15 강의
정리

① 조건부 확률이란 정보가 들어와서 근원사상이 줄어든 세계에 비례관계를 부여하는 것이다.

② 사상 B라는 정보하에서 사상A의 조건부 확률 $p(A \mid B)$는 다음의 식으로 정의된다.

$$p(A \mid B) = p(A와 B의 중첩) \div p(B)$$

③ 베이즈 추정에서는 조건부 확률의 공식②를 두 단계로 사용한다.

④ 첫 번째 단계는 타입&정보의 확률을 구하는 것. 즉,

$$p(타입 \& 정보) = p(타입) \times p(정보 \mid 타입)$$

⑤ 두 번째 단계는 사후확률을 구하는 것. 그것은

주어진 데이터하에서 $p(타입 \& 정보)$의 비례관계를 ④를 이용해서 계산하여 정규화 조건을 충족시켜주면 된다.

암 검사의 예를 통해 조건부 확률의 기법을 연습해 보자.

근원사상을 '암', '건강', '양성', '음성'으로 하고, 이 네 가지를 사용해 괄호를 채우면

$$p(\text{암} \& \text{양성}) = p(\text{암}) \times p(\quad | \quad) \qquad \cdots \text{(가)}$$
$$p(\text{암} \& \text{양성}) = p(\text{양성}) \times p(\quad | \quad) \qquad \cdots \text{(나)}$$
$$p(\text{건강} \& \text{양성}) = p(\text{건강}) \times p(\quad | \quad) \qquad \cdots \text{(다)}$$
$$p(\text{건강} \& \text{양성}) = p(\text{양성}) \times p(\quad | \quad) \qquad \cdots \text{(라)}$$

이때 (가)와 (다)에서

$$p(\text{암} \& \text{양성}) : p(\text{건강} \& \text{양성})$$
$$= p(\text{암}) \times p(\quad | \quad) : p(\text{건강}) \times p(\quad | \quad) \qquad \cdots \text{(마)}$$

(나)와 (라)에서

$$p(\text{암} \& \text{양성}) : p(\text{건강} \& \text{양성})$$
$$= p(\quad | \quad) : p(\quad | \quad) \qquad \cdots \text{(바)}$$

(마)와 (바)에서

$$p(\quad | \quad) : p(\quad | \quad)$$
$$= p(\text{암}) \times p(\quad | \quad) : p(\text{건강}) \times p(\quad | \quad)$$

좌변은 사후확률의 비이고, 우변은 사전확률과 조건부 확률로부터 산출된 비다.

더 범용적인 추정을 위한
'확률분포도'

16-1   실용 레벨로 나아가기 위해 필요한 '확률분포도'와 '기대치'

15강까지 해서 베이즈 추정의 기본적인 테크닉과 그것을 일반적인 확률기호로 기술하는 방식에 대한 설명을 마쳤다. 이로써 간단한 설정의 추정이라면 충분히 구할 수 있게 되었다. 단, 조금 복잡한 설정의 추정을 실시하는 경우나 범용적인 추정을 하는 경우에는 지금까지의 방법만으로는 재료가 조금 부족하다.

조금 더 복잡한 설정의 추정, 범용적인 추정을 실행하려면 **'확률분포도'와 '기대치'**에 대한 지식이 필요하다. 특히 무한의 근원사상을 가지는 연속형 확률분포가 불가결하다. 16강부터 이 부분에 대해 강의를 한다. 이후의 강의에서는 베이즈 추정에서 가장 대표적이면서 중요한 '베타분포'와 '정규분포'에 대해 설명하고자 한다. 이번 강의에서는 먼저 베타분포의 출발점인 '균등분포'에 대해 알아보자.

16-2   '동일한 확률'형 확률 모델을 생각하다

'균등분포'는 동전이나 주사위 확률 모델을 일반화한 것을 떠올리면 알기 쉽다.

제14강에서 해설한 대로 확률 모델은 근원사상과 그에 대한 확률의 분할에 의해 정의된다. 동전의 경우 근원사상의 집합은,

{앞, 뒤}

이며, 어느 근원사상에나 같은 확률을 분할하므로 각각의 확률은 다음과 같이 동일하다.

앞의 확률 $p(\{앞\}) = \frac{1}{2}$, 뒤의 확률 $p(\{뒤\}) = \frac{1}{2}$

이와 같은 근원사상을 '**각 확률이 같은 정도로 발생하는 상태**'라고 한다. 즉, {앞}과 {뒤}를 같은 확률로 설정했다는 뜻이다. 주사위의 경우는 제14강에서 설명한 대로 근원사상의 집합은,

{1, 2, 3, 4, 5, 6}

이고, 확률의 분할은 k눈이 나올 확률을 $p(\{k\})$라 기술하고 다음과 같이 나타냈다.

$p(\{1\}) = \frac{1}{6}$, $p(\{2\}) = \frac{1}{6}$, $p(\{3\}) = \frac{1}{6}$, $p(\{4\}) = \frac{1}{6}$,
$p(\{5\}) = \frac{1}{6}$, $p(\{6\}) = \frac{1}{6}$

이때 여섯 가지 근원사상을 '각 확률이 같은 정도로 발생하는 상태'
로 설정하였다.

동전의 확률 모델과 주사위의 확률 모델을 면적도로 나타낸 것이 **도
표 16-1**이다. 보면 알겠지만, '각 확률이 같은 정도로 발생하는 상태'에
따라 단위 직사각형을 등분한 형태가 되어 있다.

도표 16-1   동전과 주사위에서 '각 확률이 같은 정도로 발생하는 상태'

동전의 확률 모델 면적도	
앞	뒤

각 직사각형의 면적은 $\dfrac{1}{2}$

주사위의 확률 모델 면적도					
1	2	3	4	5	6

각 직사각형의 면적은 $\dfrac{1}{6}$

여기서 새로이 룰렛의 확률 모델을 생각해 보자. 룰렛은 카지노에
서 사용되는 것을 떠올리면 된다. 근원사상은 1에서 36까지의 정수로,

$$\{1, 2, 3, \cdots 35, 36\}$$

이라 하자. 실제로 카지노에서 사용하는 룰렛에는 '0'이나 '00'이라는
번호가 있지만 여기서는 단순화하여 36등분된 원주상에 1부터 36까지
의 정수가 배정되어 있다고 생각하면 된다. 이 룰렛의 확률 모델도 '각
확률이 같은 정도로 발생하는 상태'로 설정하면 당연히 어느 수나 나올

확률이 같아져서 다음과 같이 설정할 수 있다.

$$p(\{x\}) = \frac{1}{36} \quad (x = 1, 2, 3, \cdots 36)$$

이것을 그림으로 나타낸 것이 **도표 16-2**다.

이 모델에서 예컨대 '$1 \leq x \leq k$를 충족하는 정수x가 선택될' 확률을 $p(1 \leq x \leq k)$로 약기한다면, $1 \leq x \leq k$가 전체의 36분의 k라는 비율을 차지하므로 다음과 같이 나타낼 수 있다.

$$p(1 \leq x \leq k) = \frac{k}{36}$$

도표 16-2   **룰렛에서 '각 확률이 같은 정도로 발생하는 상태'**

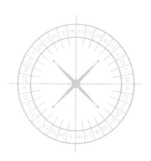

룰렛의 확률 모델 면적도

| 1 | 2 | · · · | | · · · | | · · · | 35 | 36 |

각 직사각형의 면적은 $\frac{1}{36}$

룰렛의 확률 모델은 1부터 36까지의 정수를 '각 확률이 같은 정도로 발생하는 상태'로 설정한 것인데, 이것을 **(연속) 무한개의 근원사상으로 확장한 것**이 바로 **'균등분포'**라는 확률 모델이다.

다음과 같은 가공의 룰렛을 상상해 보기 바란다. 원주상에는 $0 \leq x \leq 1$ 범위의 수많은 수 x가 그려져 있다. 0이상 1이하의 부분을 잘게 나누어 자동차 핸들 형태로 나열된 것을 떠올리면 된다. 이것이 기본이 되는 균등분포 확률 모델이다. 이 책에서는 이것을 [0, 1]-룰렛 모델이라 이름붙이기로 한다(이 책에서만 쓰이는 별칭이다).

이 확률 모델에서는 '$0 \leq x \leq 1$의 범위에 있는 수 x중 하나가 랜덤으로 선택된다'고 생각하자. 이것은 동전에서 '앞', '뒤'가 랜덤으로 선택되는 것, 주사위에서 1부터 6까지의 눈 중 하나가 선택되는 것에 대응한다.

단, 이제까지의 모델과 크게 다른 점이 있다. 확률을 분할하는 방법이다.

지금까지 다룬 동전이나 주사위의 예에 따르면 이 x가 0.4나 0.73 등 개별 수치를 사상으로 표현한 {0.4}나 {0.73} 등을 근원사상으로 보고, 이를 '각 확률이 같은 정도로 발생하는 상태'의 확률로 분할해야 할 것이다. 그러나 [0, 1]-룰렛 모델에는 적합하지 않다. 왜일까?

여기서 정규화 조건을 떠올리기 바란다. 확률 모델에서는 일어난 일 전체에 확률 1을 할당한다. 가령 각 수 x에 대해서 사상$\{x\}$에 동일한 확률 a를 배정하려 한다면 $0 \leq x \leq 1$의 범위의 수 x가 무한개이므로,

($0 \leq x \leq 1$이 되는 모든 수 x에 대한 $\{x\}$의 확률의 합)
= (무한개의 a의 합) = 1

이 되어야 하는데, $a = 0$이 성립하지 않으면 모순이 된다. 그런데 $a = 0$이라면 이번에는 다음과 같은 두 가지 문제가 생긴다.

첫 번째 문제: 무한개의 0을 더해서 1이 된다는 것의 의미는 무엇인가?
두 번째 문제: $0 \leq x \leq 1$이 되는 각 x에 대해서 그 확률$p(\{x\}) = 0$이라면 예컨대 $0 \leq x \leq 0.5$가 되는 x가 선택될 확률을 어떻게 계산해야 할까?

모두 극복하기 어려운 문제다. 그래서 이러한 고민을 피해 가고자 지금까지와는 완전히 다르게 다음과 같은 방식으로 확률을 설정하는 것이다.

† [0, 1]-룰렛 모델의 확률 설정
[0, 1]-룰렛 모델에서는 $0 < t \leq 1$을 충족하는 각 t에 대해 '0이상 t미만의 수'의 집합을 기본 사상으로 한다. 즉,
E = $\{0 \leq x < t$를 만족하는 $x\}$
가 기본 사상이다. 그리고 이 사상 E에 대한 확률을
$p(E) = t$
로 배정한다. 이후 이 사상 E를 $\{0 \leq x < t\}$, 그 확률 $p(E)$를 $p(0 \leq x < t)$로 약기한다.

예를 들어 $t = 0.5$라면, 사상 $\{0 \leq x < 0.5\}$는 '0이상 0.5미만의 수가 선택된다'는 의미의 사상이 된다. 룰렛으로 말하면 $0 \leq x < 0.5$의 범위의 번호에 공이 떨어진다는 뜻이다. 이 범위는 '0이상 1이하의 수'에 비해 비율적으로 '절반'이라 판단할 수 있기 때문에, 이 확률을 $0.5(= t)$로 할당하면 '각 확률이 같은 정도로 발생하는 상태'라는 견해와 이치가 맞는다. 마찬가지로 $t = 0.7$이라면, 사상 $\{0 \leq x < 0.7\}$은 $\{0 \leq x \leq 1$의 70%$\}$로 파악하여 사상 E의 확률은 $0.7(= t)$로 설정하는 것이 자연스럽다. 이를 **도표 16-3**과 같이 면적도로 생각하면 이제까지의 확률을 다룬 방식을 답습한 것임을 알 수 있다.

도표 16-3　[0, 1]−룰렛의 확률

[0, 1]−룰렛의 면적도

E	$0 \leq x < 0.5$	

직사각형의 면적은 0.5 → p $(0 \leq x < 0.5)$ =0.5

E	$0 \leq x < 0.7$	

직사각형의 면적은 0.7 → p $(0 \leq x < 0.7)$ =0.7

16-4　[0, 1]−룰렛 모델의 일반 사상의 확률

[0, 1]−룰렛의 확률 모델에서는 앞의 기본 설정에 의거해 필요한 사상의 확률은 모두 '확률의 가법법칙'에 따라 계산할 수가 있다.

예컨대 '$0.5 \leq x < 0.7$의 범위의 수 x가 선택된다'는 사상 $\{0.5 \leq x < 0.7\}$의 확률을 구해보자. $0 \leq x < 0.5$의 범위와 $0.5 \leq x < 0.7$의 범위

를 병합하면 범위는 $0 \leqq x < 0.7$이 된다. 따라서 확률의 가법법칙에 따라 다음이 성립한다.

$$p(0 \leqq x < 0.5) + p(0.5 \leqq x < 0.7) = p(0 \leqq x < 0.7)$$

전 절에서 설정한 대로 제1항이 0.5, 제3항이 0.7이므로 제2항은 다음과 같이 계산된다.

$$p(0.5 \leqq x < 0.7) = 0.7 - 0.5 = 0.2$$

계산이 번거롭게 느낄 수도 있지만 $(0.5 \leqq x < 0.7)$이 0.2의 폭을 가지고 있음을 생각하면 그 확률이 0.2가 되는 것은 지극히 당연한 일이다(**도표 16-4**).

도표 16-4　[0, 1]−룰렛 모델의 일반 사상

	$0.5 \leqq x < 0.7$	

직사각형의 면적은 0.2 → p $(0.5 \leqq x < 0.7) = 0.2$

[0, 1]−룰렛 모델은 '$0 \leqq x \leqq 1$의 범위의 수로부터 랜덤으로 선택'되는 모델인데, 끝점이 0과 1이라는 것과 길이가 1이라는 점에서 상당히 특별한 예다. 일반적인 균등분포는 예컨대 '$2 \leqq x < 5$의 범위의 수에서 랜덤으로 선택된다'와 같이 나와 있다. 이와 같은 경우에 대해서는 **도표 16-5**를 통해 이해하기 바란다.

[2, 5]-룰렛의 면적도	
$2 \leqq x < t$	

근원사상은 그림과 같이 $\{2 \leqq x < t\}$와 같은 사상(단, t는 $2 < t \leqq 5$를 충족한다). 전체 길이가 3이라는 점에 의거해 사상 $\{2 \leqq x < t\}$의 길이는 $t-2$이므로

$$p\,(2 \leqq x < t) = \frac{t-2}{3}$$

로 설정된다(사상의 구간의 길이÷3이 된다).

16-5 복잡한 확률 모델을 그림으로 나타낼 수 있는 '확률분포도'

균등분포는 무한개의 수로 이루어진 확률 모델인데, 이것만 다룬다면 지금까지처럼 직사각형 그림을 사용해도 손색이 없다. 그러나 같은 연속 무한형 확률 모델이라 해도 이후의 강의에서 설명할 베타분포나 정규분포의 경우 직사각형 그림으로 나타내면 이해가 어려워진다. 그래서 확률 모델을 그림으로 나타내기 위해 직사각형 면적도 대신 다른 방법을 짜내야 한다. 그것이 **확률분포도**다.

확률분포도는 가로축에 사상을 나타내는 수치를 설정하고 세로축에 확률을 설정한 그래프다.

익숙해지기 위해 먼저 주사위의 확률분포도를 예로 알아보자. **도표 16-6**을 보면 가로축에 설정되어 있는 것은 주사위의 눈 1부터 6까지다. 그리고 각 막대의 높이는 그 눈이 나올 확률($\frac{1}{6}$ = 약 0.17)을 나타낸다.

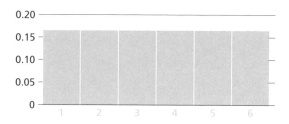

이 그래프를 보면 사상들의 확률을 시각적으로 계산할 수가 있다. 예컨대 $2 \leqq x \leqq 4$의 눈이 나올 확률은 2에서 4까지의 세 막대의 높이를 합계하여 구하면 된다.

$$p(2 \leqq x \leqq 4) = p(\{2,\ 3,\ 4\}) = \frac{1}{6} + \frac{1}{6} + \frac{1}{6} = \frac{1}{2}$$

다음으로 균등분포인 [0, 1]-룰렛 모델의 확률분포도를 그려보자. 이것은 여섯 개의 막대로 구성된 주사위의 확률분포도가 무한히 가늘어진 것이라고 생각하면 되는데 결정적인 차이가 있으니 주의하기 바란다(**도표 16-7**).

먼저 가로축에는 $0 \leqq x \leqq 1$이 되는 수 x가 줄지어 있다. 따라서 그래프는 $0 \leqq x \leqq 1$의 범위에만 있다. 그래프는 높이가 1인 가로선 AB로 이루어져 있다. 여기에 주의해야할 점이 있다. **여기서 '높이 1'은 각 x가 선택될 '확률'이 아니라는 점**이다. 실제로 조금 전 설명했듯이 각 x에 대응하는 정합적인 확률값은 0뿐이므로, 1이 되는 것은 이상하다. 예컨대 $x = 0.5$ 위에 서 있는 CD의 길이 1은 0.5가 선택될 확률이 아니기 때문이다.

도표 16-7 균등분포의 확률분포도

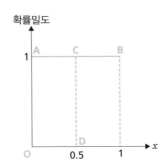

높이 CD는 '확률'이 아닌 확률밀도

균등분포와 같은 연속형 확률 모델의 경우는 확률을 '높이'가 아닌 '면적'으로 나타낸다. 면적으로 생각한다면 CD는 단순한 선이므로 면적은 0이 되어 그 결과는 정합적이 된다.

예를 들어 근원사상$\{0.5 \leqq x < 0.7\}$의 확률은 **도표 16-8**의 색칠된

도표 16-8 연속형 확률분포도에서는 확률은 면적으로 표시된다

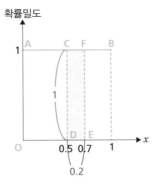

$\{0.5 \leqq x < 0.7\}$ 의 확률은 직사각형 CDEF의 면적

부분의 직사각형 면적이 된다. 이 직사각형은 가로가 0.2, 세로가 1이므로 면적은 0.2×1 = 0.2가 된다. 이는 앞에서 해설한 근원사상 {0.5 ≤ x < 0.7}의 확률과 일치한다.

비유컨대 확률밀도와 확률의 관계는 속도와 거리의 관계와 같다. 예컨대 분속 10m라 하면 거리로써의 m를 표시하는 것이 아니다. 분속은 어디까지나 순간 스피드를 나타낸다. 그런 의미에서 거리는 0이다. 분속 10m라는 것은 '이 상태를 1분간 지속했을 때 10m의 거리를 나아감'을 나타낸다. 따라서 분속 10m로 5분 나아가면 10×5 = 50m의 거리가 된다. 즉, **속도라는 것은 시간을 들임으로 하여 비로소 거리로 전환될 수 있는 양**이다. 확률밀도도 같은 의미를 지닌다. **확률밀도는 구간의 폭을 들여 비로소 확률로 전환되는 양**인 것이다.

①동전과 주사위는 각 수가 '각 확률이 같은 정도로 발생하는 상태'로 설정되는 확률 모델이다.

②$0 \leq x \leq 1$의 수가 '각 확률이 같은 정도로 발생하는 상태'로 설정되는 것이 [0, 1]−룰렛 모델.

③[0, 1]−룰렛 모델은 균등분포의 확률 모델이며 사상 $\{0 \leq x < t\}$라는 폭을 가진 구간을 기본으로 생각한다.

④사상 $\{0 \leq x < t\}$의 확률$p(0 \leq x < t)$는 폭 t로 설정된다.

⑤확률분포도란 가로축에 수치, 세로축에 확률을 설정한 것이다. 연속형의 경우 세로축은 확률이 아니라 확률 밀도를 나타낸다.

⑥균등분포의 확률분포도는 수평한 직선(선분)이 된다. 사상의 확률은 직사각형 면적이 된다.

⑦균등분포에서 (확률) = (확률밀도)×(구간의 길이).

연습문제

[0, 1]−룰렛 모델로 다음의 확률을 구하시오.

(1) $p(0.2 \leq x < 0.7) = ($　　$)$
(2) $p((0.1 \leq x < 0.4)$ or $(0.5 \leq x < 0.9)) = ($　　$)$
(3) $p((0.3 \leq x < 0.7)$ 와 $(0.4 \leq x < 0.8)$의 중첩$) = ($　　$)$

두 가지 숫자로 성격이 정해지는 '베타분포'

17-1 베이즈 추정에 자주 사용되는 연속형 분포 '베타분포'

지금까지 다루어 온 베이즈 추정에서는 사전분포를 위한 타입의 설정이 유한개였다. 그 예로 제1강에서 손님의 구매 추정 사례에서는 '쇼핑족', '아이쇼핑족'의 두 가지 타입이었고, 제2강의 암 검사 사례에서는 '암', '건강'의 두 가지 타입, 제4강의 태어날 아이의 성별 사례에서는 '여아를 낳을 확률이 0.4인 부부', '여아를 낳을 확률이 0.5인 부부', '여아를 낳을 확률이 0.6인 부부' 해서 세 가지 타입이었다.

이와 같이 유한개의 타입으로 해결되는 베이즈 추정도 많은 반면 타입을 연속 무한개로 잡아야만 타당하다고 볼 수 있는 예도 있다. 예컨대 제4강에서 태어날 아이의 성별에 대한 예에서는 여아를 낳을 확률 p를 0.4, 0.5, 0.6의 세 가지로만 설정했는데 사실 이로써는 충분하지 않다. 확률 p는 $0 \leqq p \leqq 1$을 만족하는 임의의 p로 두는 것이 타당함은 의심할 여지가 없다. 이렇게 되면 타입은 연속 무한개가 되므로 사전분포를 설정하려면 연속형 확률분포가 필요하다.

그래서 이번 강의에서는 베이즈 추정에서 자주 사용되는 '베타분포'에 대해 알아보기로 한다. 수학적으로 정확히 설명하려 들면 미적분에 관한 고도의 지식이 필요하나 이 책에서는 그렇게까지 엄밀한 해설은 피해 가능한 직관적으로 이해할 수 있도록 도해를 활용한 해설을 시도해 보기로 한다.

17-2 베타분포는 어떤 분포인가?

먼저 '베타분포'라 불리는 확률 분포를 소개한다. 일단 수식을 살펴보자. 가로축 x가 근원사상의 근간이 되는 수치를, 세로축 y가 확률밀도를 나타낸다. 전 강에서 해설했듯이 **확률밀도란 '구간의 길이를 곱하면 확률로 전환되는 양'**을 말한다.

베타분포는,

$$y = (정수) \times x^{\alpha-1}(1-x)^{\beta-1} \qquad (0 \leq x \leq 1) \quad \cdots(1)$$

라는 식으로 나타낼 수 있다. **여기서 지수 부분에 올라가 있는 α와 β는 1이상의 자연수로, 베타분포의 종류를 특정해 주는 값**이다. 즉, α와 β를 구체적으로 제시하면 베타분포가 하나 정해진다. α, β가 작은 수일 때는 베타분포 그래프의 형태가 비교적 단순해진다. 반대로 α, β가 큰 수가 되면 베타분포 그래프는 상당히 복잡한 형태가 된다. 또 (정수)라고 되어 있는 부분은 정규화 조건(전 사상의 확률이 1)을 성립시키기 위해 조정할 수치이므로 베이즈 추정에서 그다지 중요하지 않다.

예를 몇 가지 살펴보자.

예 1: α = 1, β = 1인 경우

$x^0 = 1$, 즉 '0제곱은 1'임을 떠올리면 (1)식은,

$$y = (정수) \times x^0 (1 - x)^0 = (정수) \times 1 \times 1 = (정수) \quad (0 \leq x \leq 1)$$

이 된다. $y = $ (정수)라는 그래프는 가로선(x축과 평행한 선분)이 되므로, 결국 전 강에서 나왔던 [0, 1]−룰렛 모델과 일치하므로 정규화 조건이 성립되도록 (정수) = 1이 되어야 한다. 즉,

$$y = 1 \quad (0 \leq x \leq 1) \quad \cdots (2)$$

가 된다(**도표 17−1**).

예 2: α = 2, β = 1인 경우

조금 전 (1)식은,

$$y = (정수) \times x^1 (1 - x)^0 \quad (0 \leq x \leq 1)$$

에 의해,

$$y = (정수)x \quad (0 \leq x \leq 1) \quad \cdots (3)$$

이것은 1차 함수이므로 **도표 17−2**에서 그림으로 나타내었듯이 그래프는 오른쪽 위로 올라가는 선분이 된다. (정수) = 2가 되는데, 이유는

다음 절에서 해설하기로 한다.

예 3: α = 1, β = 2인 경우

조금 전 (1)식은,

$$y = (정수) \times x^0 (1 - x)^1 \qquad (0 \leq x \leq 1)$$

에 의해,

$$y = (정수)(1 - x) \qquad (0 \leq x \leq 1) \quad \cdots (4)$$

이것도 1차 함수인데 **도표 17-4**의 그림에 나와 있듯이 그래프는 오른쪽 밑으로 내려가는 선분이 된다. (정수) = 2가 되는데 그 이유에 대해서는 다음 절에서 해설한다.

예 4: α = 2, β = 2인 경우

조금 전 (1)식은,

$$y = (정수) \times x^1 (1 - x)^1 \qquad (0 \leq x \leq 1)$$

에 의해,

$$y = (정수) \times x(1 - x) \qquad (0 \leq x \leq 1) \quad \cdots (5)$$

이것은 2차 함수이므로 **도표 17–5**에 나타나 있듯이 그래프는 포물선의 일부가 된다. (정수) = 6이 되는데 그 이유에 대해서는 다음 절에서 해설한다.

이하에서는 위의 네 가지 예를 하나씩 자세히 살펴보기로 하자.

17-3   α = 1, β = 1의 예는 [0, 1]-룰렛

17–2절에서 해설했듯이 α = 1, β = 1인 경우의 베타분포는 [0, 1]-룰렛 모델(균등분포 중 하나)이 된다. 바꿔 말하면 [0, 1]-룰렛 모델은 베타분포의 일종이라는 뜻이다. 그래프는 **도표 17–1**과 같다.

도표 17–1   α = 1, β = 1인 베타분포의 확률분포도

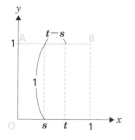

$p\,(s \leqq x < t) = (t - s)$
이것은 직사각형의 면적이
$1 \times (t - s)$ 로 계산되는 것에 기인한다.

17-4   α = 2, β = 1의 예

17–2절에서 제시한 대로 α = 2, β = 1의 경우 베타분포는 다음과 같은 1차 함수가 된다.

$$y = (정수)x \qquad (0 \leqq x \leqq 1) \quad \cdots(3)$$

그래프는 **도표 17-2**와 같이 원점을 지나 오른쪽 위로 올라가는 선 분이 된다. 확률분포도에서 확률은 면적이므로, 전체 사상의 확률 $p(0 \leq x \leq 1)$은 삼각형 OAB의 면적과 일치한다. 정규화 조건에 따라 이 면적은 반드시 1이 되어야 한다. 삼각형의 면적이 (밑변)×(높이)÷2 임을 떠올리면 밑변이 1이므로 높이는 2라는 것을 알 수 있다. 즉, x = 1일 때 y = 2가 되어야 하며, (3)에서 (정수) = 2가 정해진다.

즉 α = 2, β = 1의 베타분포는 다음과 같다.

$$y = 2x \quad (0 \leq x \leq 1) \quad \cdots (6)$$

도표 17-2　α = 2, β = 1인 베타분포의 **확률분포도**

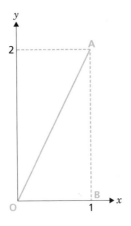

확률 $p\ (0 \leq x \leq 1)$는
삼각형 OAB의 면적이 된다.
AB의 길이가 2라면
$p\ (0 \leq x \leq 1) = 1 \times 2 \div 2 = 1$
이 되어 정규화 조건을 충족한다.
즉 (정수) = 2가 되기 때문에
$y = 2x \quad (0 \leq x \leq 1)$
가 된다.

이 베타분포에서 확률이 어떻게 되는가를 보기 위하여, 예컨대 사상 $\{0.5 \leq x < 0.7\}$의 확률 $p(0.5 \leq x < 0.7)$를 구해보기로 하자. **도표 17-3** 을 보기 바란다. 확률분포도에서는 사상의 확률이 면적으로 표현되므 로 확률 $p(0.5 \leq x < 0.7)$는 그림 속 색칠한 부분의 사다리꼴 면적이 된

다. 사다리꼴의 윗변은 $x = 0.5$일 때의 y값이므로 $y = 2 \times 0.7 = 1.4$다. 이 값이 확률이 아니라 확률밀도라 불리는 양임은 앞서 설명했다. 나아가 사다리꼴의 높이는 $0.7 - 0.5 = 0.2$다. 따라서 사다리꼴 면적은 $(1 + 1.4) \times 0.2 \div 2 = 0.24$가 된다. 즉 사상 $\{0.5 \leqq x < 0.7\}$의 확률은 다음과 같이 구해진다.

$$p(0.5 \leqq x < 0.7) = 0.24$$

도표 17-3 베타분포 $y = 2x$에서의 확률

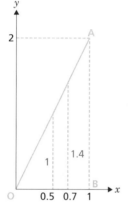

확률 $p\,(0.5 \leqq x < 0.7)$는
색칠한 사다리꼴의 면적.
$p\,(0.5 \leqq x < 0.7) = (1 + 1.4) \times 0.2 \div 2 = 0.24$

17-5 $\alpha = 1, \beta = 2$의 예

17-2절에서 설명한 대로 $\alpha = 1$, $\beta = 2$인 경우 베타분포는 다음과 같은 1차 함수가 된다.

$$y = (정수)(1 - x) \qquad (0 \leqq x \leqq 1) \quad \cdots(4)$$

그래프는 **도표 17-4**와 같이 점A(0, 2)를 지나 오른쪽 위로 올라가는 선분이 된다. 확률분포도에서 확률은 면적이므로, 전체 사상의 확률 $p(0 \leq x \leq 1)$는 삼각형 OAB의 면적과 일치한다. 정규화 조건에 따라 이 면적은 반드시 1이 되어야 한다. 밑변이 1이므로 높이가 2, 즉 x = 0일 때 y = 2여야 하며, (4)에서 (정수) = 2로 결정된다. 즉, α = 1, β = 2의 베타분포는,

$$y = 2(1 - x) \quad (0 \leq x \leq 1) \quad \cdots(7)$$

이 된다.

도표 17-4 $\quad \alpha = 1, \beta = 2$인 베타분포의 확률분포도

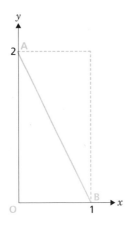

확률 $p\,(0 \leq x \leq 1)$는
삼각형 OAB의 면적이 된다.
따라서
$p\,(0 \leq x \leq 1) = 1$이 되기 위해서는
선분 OA의 길이는 2가 되어야 한다.
즉, (정수)=2가 되기 때문에
$y = 2\,(1-x) \quad (0 \leq x \leq 1)$
가 된다.

17-6 $\quad \alpha = 2, \beta = 2$의 예

17-2절에서 제시한 대로, α = 2, β = 2의 경우 베타분포는 2차 함수

$$y = (정수) \times x(1-x) \quad (0 \le x \le 1) \quad \cdots(5)$$

가 된다. 그래프는 **도표 17-5**와 같이 포물선(2차 함수 그래프)의 일부가 된다. 확률분포도에서 확률은 면적이므로 전 사상의 확률 $p(0 \le x \le 1)$ 는 포물선과 x축이 둘러싼 도형의 면적과 일치한다. 정규화 조건으로부터 이 면적은 1이 되어야 하므로, 적분이라는 계산방법을 써서 이 면적을 계산하면 (5)에서 (정수) = 6으로 정해진다. 즉 $\alpha = 2$, $\beta = 2$의 베타분포는 다음과 같다.

$$y = 6x(1-x) \quad (0 \le x \le 1) \quad \cdots(8)$$

이 확률분포에 대해서 사상 $\{0.5 \le x < 0.7\}$의 확률 $p(0.5 \le x < 0.7)$ 를 구하려면, 그림의 색칠한 부분의 면적을 구하면 되는데, 이것은 곡선 도형이므로 적분으로 계산해야 한다. 수식으로 쓰면 다음과 같다.

$$p(0.5 \le x < 0.7) = \int_{0.5}^{0.7} 6x(1-x)dx$$

도표 17-5 $\alpha = 2$, $\beta = 2$인 베타분포의 확률분포도

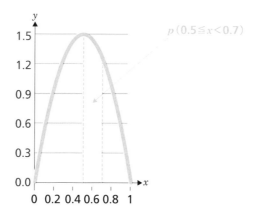

처음 배우는 사람에게 베이즈 추정의 장벽이 높은 이유는 이와 같이 상당히 초보적인 단계에서부터 미적분의 사고법이 필요하기 때문이다. 표준 통계학(네이만·피어슨 통계학)에서도 물론 미적분은 필수불가결하지만, 일반 사용자가 이용할 정도의 추정이라면 미적분을 피해서 지나가는 것이 가능하고 실제로 많은 교과서가 그러한 방식으로 집필되어 있다. 한편 베이즈 추정의 경우는 이후의 강의를 보면 알겠지만 초보적인 추정을 할 때도 미적분을 피해서 지나가기가 어렵다. 그래서 이 책에서는 타협안을 쓰기로 했다. 즉 확률밀도함수에 대해서 해설은 하되 그 이상으로 미분의 개념을 끌어오지는 않기로 했다. 또 확률분포도에서도 확률이 면적임은 해설하되 적분을 이용해 구체적으로 면적을 계산하는 방법에 대한 설명은 생략하였다. 요컨대 미적분은 깊이 들어가지 않고 살짝 스치는 정도에서 선을 그었다.

17-7 베타분포는 α, β가 커지면 복잡해 진다

베타분포에서 α, β가 2이하이면 전 절까지를 통해 보았듯이 비교적 간단한 도형이 된다. 반면 α, β가 2보다 큰 경우는 일반 사람들에게는 그리 익숙지 않은 형태의 도형이 나온다. 참고를 위해 α, β의 값이 큰 경우의 예를 하나 소개한다. $\alpha = 4$, $\beta = 3$인 경우 베타분포는,

$$y = 60x^3(1 - x)^2 \quad (0 \leq x \leq 1) \quad \cdots(9)$$

가 된다. 그래프는 **도표 17-6**과 같다.

도표 17-6 α = 4, β = 3인 베타분포의 확률분포도

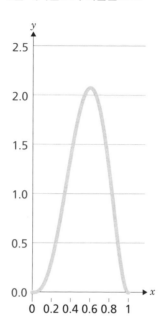

- ① 베타분포는 x의 거듭제곱과 $(1 - x)$의 거듭제곱을 곱한 형태다.
- ② x의 0제곱과 $(1 - x)$의 0제곱의 경우 균등분포와 일치한다.
- ③ x의 1제곱과 $(1 - x)$의 0제곱의 경우, x의 0제곱과 $(1 - x)$의 1제곱의 경우 확률분포도는 선분이 된다.
- ④ x의 1제곱과 $(1 - x)$의 1제곱인 경우 확률분포도는 포물선이 된다.
- ⑤ 정수는 정규화 조건(전체면적이 1)으로부터 정해진다.

다음은 $\alpha = 3$, $\beta = 2$인 베타분포의 확률밀도 식이다.

$$y = 12x^2(1 - x)$$

이때 다음 x에 대한 확률밀도를 구하시오.

(1) $x = \dfrac{1}{2}$의 확률밀도

(2) $x = \dfrac{1}{3}$의 확률밀도

(3) $x = 1$의 확률밀도

18

확률분포의 성격을 결정짓는 '기대치'

18-1 확률분포를 하나의 수치로 대표하려면

베이즈 추정에서는 타입에 대한 사후확률이 구해진다. 예컨대 제2 강에서는 양성이라는 검사 결과에 의해 '암일 사후확률이 4.5%', '건강할 사후확률이 95.5%'로 산출되었다. 이것은 암을 1, 건강을 0으로 수치화하면 $x = 0, 1$에 관해 확률분포를 구할 수 있는 것과 동일하다. 이 경우는 그대로 결착 지어져도 문제가 없다.

그러나 제4강에서 다루었던, 한 부부의 첫째 아이가 여아였다는 사실로부터 '다음 아이도 여아일 사후확률'을 구하는 경우라면 사정이 다르다. 제4강에서는 이 부부에게서 여아가 태어날 확률을 '0.4', '0.5', '0.6'의 세 종류로 설정하고 각각 어느 정도의 가능성이 나오는지를 구했다. 베이즈 추정의 결과 '0.4'일 사후확률은 27%, '0.5'일 사후확률은 33%, '0.6'일 사후확률은 40%가 나왔다. 즉 $x = 0.4, 0.5, 0.6$으로 설정했을 때의 확률분포가 0.27, 0.33, 0.4로 나온 것이다. 그러나 이 결론만 가지고는 '부부에게 다음에 여아가 태어날 확률'에 대한 답이 되지 않으므로 하나의 수치로 답하는 방법을 해설했다. 그것이 '**기대치**'라는 수치였다. 제4강에서는 기대치의 계산 방식을 설명했지만, 기대치가 가지는 의미에 대해서는 자세하게 설명하지 않았다. 우리는 이제 확률분포라는 사고법을 알게 되었으니 여기서 '기대치'에 대해 면밀히 살펴보기로 하자.

18-2 기대치의 계산 방법

확률분포를 하나의 수치로 대표시키는 '기대치'를 계산하는 방법에 대해 구체적인 예를 통해 알아보자. 먼저 제14강에서 다룬 날씨의 확률 모델을 예로 들자. 근원사상의 집합이,

{맑음, 흐림, 비, 눈}

이며, 각각의 확률이,

$$p(\{맑음\}) = 0.3, \quad p(\{흐림\}) = 0.4, \quad p(\{비\}) = 0.2, \quad p(\{눈\}) = 0.1$$

로 설정되어 있다.

이때 확률분포도를 만들기 위해 근원사상을 수치화해 두자. 날씨가 안 좋을수록 큰 수치를 배정하기로 설정한다.

맑음 → 1, 흐림 → 2, 비 → 3, 눈 → 4

그러면 확률분포도는 **도표 18-1**과 같아진다.

이 그래프는 '어떤 날씨가 어느 정도의 빈도로 일어나는가'를 나타낸

다. 여기서 내가 알고 싶은 것은 '이곳의 날씨는 딱 잘라 말해 어느 정도 인가?'다. 즉 '이곳의 날씨를 하나의 수치로 나타내면?'과 같은 뜻이다. 그것을 가르쳐 주는 것이 **기대치**다.

도표 18-1 날씨의 확률분포도

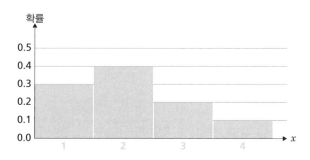

기대치는 다음과 같은 방법으로 계산한다.

$$(확률분포의 기대치) = (수치) \times (그 수치가 나올 확률)의 합계$$

이 날씨의 확률분포 예에 적용해 보면 다음과 같이 계산된다.

$$(날씨의 확률분포의 기대치) = 1 \times 0.3 + 2 \times 0.4 + 3 \times 0.2 +$$
$$4 \times 0.1 = 2.1$$

이 계산이 도표 18-1의 확률분포에서는 '**가로축상의 수치와 그 위의 막대높이를 곱하여 합계**'하는 것을 의미한다.

그 결과 얻은 값 2.1을 말로 해석하면 '**이곳의 날씨는 흐림에서 아주 약간 비 쪽**'이라는 뜻이 된다.

기대치의 계산에서 (수치)×(그 수치가 나올 확률)의 곱셈은 '중요도를 매긴다'는 의미가 되었다. 예컨대 비는 '3'이라는 수치로 표현했는데, 그것은 전체의 0.2의 비율로 일어나므로 '3의 영향력을 0.2배로 약하게 하여 더하는' 작업을 하는 셈이다.

이러한 계산을 **'가중평균'**이라 부른다.

18-3   장기적으로 볼 때 기대치는 현실을 적중시킨다

여기서 기대치의 수치적인 의미를 짚고 넘어가자.

전 절에서 다룬 날씨 예에서, 만일 당신이 매일 그날의 날씨를

맑음 → 1, 흐림 → 2, 비 → 3, 눈 → 4

로 하여 N일이라는 장기간에 걸쳐 기록을 했다면, 확률이

$$p(\{맑음\}) = 0.3,\ p(\{흐림\}) = 0.4,\ p(\{비\}) = 0.2,\ p(\{눈\}) = 0.1$$

이라는 것에서 대략

맑음은 0.3N일, 흐림은 0.4N일, 비는 0.2N일, 눈은 0.1N일

로 실현됨을 의미할 것이다. 따라서 당신이 기록한 수치의 합계는 대략 다음과 같이 나온다.

$$1\times0.3N + 2\times0.4N + 3\times0.2N + 4\times0.1N$$
$$= (1\times0.3 + 2\times0.4 + 3\times0.2 + 4\times0.1)N$$

$$= 2.1N$$

2.1이 기대치였다는 것을 떠올려보자. 따라서

(실제 점수 N일분의 합계) ≒ (기대치 N개의 합계)

가 된다. 즉 '**당신이 매일 기대치를 합계해 나가면 장기적으로는 실제 점수의 합계와 거의 같은 값이 된다**'. 이 말은 **기대치가 장기적인 수치의 합계라는 의미에서 현실을 적중시킨다**는 뜻이다. 이것이 기대치가 뜻하는 것에 대한 가장 직접적인 설명이다.

18-4 기대치는 확률분포도를 야지로베에로 간주했을 때의 지점

이어서 기대치를 도형 감각으로 파악하는 법을 설명한다. 결론부터 말하면, **기대치는 확률분포도를 야지로베에 로 간주한 경우 균형을 이루는 지점**이라는 뜻이다. **도표 18-2**를 보자. 날씨의 확률분포도를 (골판지 등으로) 정확히 만들어 그것을 야지로베에로 간주해 보자. 이때 **기대치의 지점으로 지탱하면 좌우 균형이 살아나 이 야지로베에는 안정을 유지**한다.

왜 그럴까를 대강 설명하면 다음과 같다. m의 장소에 지점을 잡으면, 예를 들어 x부분에는

(위에 올려 진 막대의 높이) × $(x - m)$

야지로베에(やじろべえ): 막대 위 끝에 T형으로 가로대를 대고, 그 가로대 양끝에 추(錘)를 매달아 좌우가 균형을 이뤄 막대가 넘어지지 않도록 한 장난감의 하나.

도표 18-2 기대치는 야지로베에의 지점

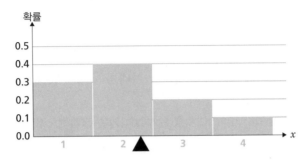

확률분포도로부터 야지로베에을 만들면,
기대치의 점을 지점으로 하면 균형이 잡힌다.

의 회전력(전문 용어로 모멘트라 한다)이 걸린다. 플러스라면 시계 방향으로, 마이너스라면 반시계 방향의 회전력이 주어진다. 예컨대 1의 지점에는 $0.3 \times (1 - m)$의 회전력이 반시계 방향으로 걸린다(**도표 18-3**).

도표 18-3 야지로베에 걸린 회전력

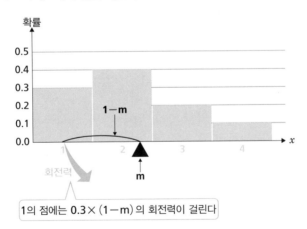

1의 점에는 $0.3 \times (1-m)$ 의 회전력이 걸린다

'야지로베에가 균형을 잡아 안정된다'는 말은 이 회전력의 합이 0이 된다(어느 방향으로도 힘이 걸리지 않는다)는 뜻이다. 따라서,

$$0.3 \times (1 - m) + 0.4 \times (2 - m) + 0.2 \times (3 - m) +$$
$$0.1 \times (4 - m) = 0$$

을 성립하게 하는 m가 '균형을 만들기 위한 지점'의 위치가 된다. 이를 계산하면,

$$1 \times 0.3 + 2 \times 0.4 + 3 \times 0.2 + 4 \times 0.1$$
$$= (0.3 + 0.4 + 0.2 + 0.1)m$$

우변의 괄호 안은 정규화 조건에 따라 1이 된다. 좌변은 말할 것도 없이 기대치다. 즉,

$$(x의\ 기대치) = m$$

이 되어, 기대치의 값을 지점 m로 하면 회전력의 합이 0이 되는 균형이 이루어짐을 알았다. 이것은 어느 확률분포에서나 성립한다.

18-5 주사위와 여아의 사례에서 기대치를 구한다

기대치의 정의와 의미에 대한 해설을 마쳤으므로 두 가지 사례에 대해서 기대치를 구하고 그림으로 나타내어 보자.

하나는 주사위의 기대치다. 주사위의 근원사상은,

{1, 2, 3, 4, 5, 6}

확률은,

$$p(\{1\}) = \frac{1}{6}, \quad p(\{2\}) = \frac{1}{6}, \quad p(\{3\}) = \frac{1}{6}, \quad p(\{4\}) = \frac{1}{6},$$
$$p(\{5\}) = \frac{1}{6}, \quad p(\{6\}) = \frac{1}{6}$$

이었으므로 정의한 대로 계산하면,

$$\text{(주사위의 기대치)} = 1 \times \frac{1}{6} + 2 \times \frac{1}{6} + 3 \times \frac{1}{6} + 4 \times \frac{1}{6} +$$
$$5 \times \frac{1}{6} + 6 \times \frac{1}{6} = 3.5$$

가 된다.

이것은 야지로베에의 균형을 생각하면 계산하지 않아도 알 수 있다.

도표 18-4와 같이 주사위의 확률분포도는 좌우 대칭이므로 야지로베에로 만들었을 때 균형이 잡히는 지점은 한가운데일 수밖에 없다. 따라서 기대치가 3.5가 되는 것은 당연한 일이다.

다음에 제4강에서 해설한 '한 부부에게서 둘째 아이로 여아가 태어날 확률'의 확률분포에 대한 기대치를 되짚어보자.

이 예에서는 x = 0.4, 0.5, 0.6이라고 설정했을 때의 확률분포가 0.27, 0.33, 0.4였다.

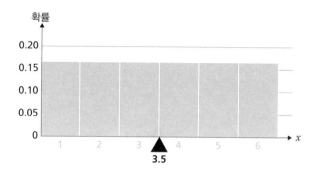

도표 18-4 주사위의 기대치

주사위의 확률분포도는 좌우 대칭이므로 균형을 이루는 지점은 한가운데인 3.5

따라서 기대치를 계산하면,

$$(x\text{의 기대치}) = 0.4 \times 0.27 + 0.5 \times 0.33 + 0.6 \times 0.4 = 0.513$$

이 된다.

이 모델을 다시 한 번 확인해 보면 다음과 같다. 한 부부의 첫째 아이가 여아였을 때 '이 부부에게서 태어날 둘째 아이가 여아일 확률은 0.4나 0.5나 0.6'이라는 문제설정을 했다. 그리고 베이즈 추정에 따라 각각의 사후확률은 0.27, 0.33, 0.4가 되었다. 이는 다음에도 여아가 태어날 확률이 0.4일 가능성은 0.27, 0.5일 가능성은 0.33, 0.6일 가능성은 0.4라는 것을 의미했다. 이것은 '확률의 확률', 즉 이중 확률이며 '확률에 대한 확률분포'의 형태였다.

도표 18-5 한 부부의 둘째 아이가 여아일 확률의 기대치

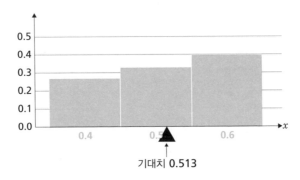

우리는 세 종류의 확률 0.4, 0.5, 0.6에 대해서 각 가능성의 수치를 알았는데, 우리가 정말로 알고 싶은 것은 '결국 이 부부에게서 다음에 태어날 아이도 여아일 확률이 몇인가?'다. 그것을 따져보려면 기대치가 적절한 지표가 된다. **기대치는 확률분포를 대표하는 수치**이기 때문이다. 따라서 **도표 18-5**에서와 같이,

(첫째 아이가 여아였던 부부에게서 둘째도 여아가 태어날 확률)
= 0.513

이라고 추정해야 한다. 아무런 정보가 없을 때는 0.5로 보는 것이 타당하지만, 첫째가 여아였다는 사실로부터 **베이즈 추정에서는 다음에도 여아일 확률을 반반보다 조금 크다고 판단한다**는 뜻이다.

18-6 베타분포에서의 기대치를 구한다

이상을 바탕으로 연속형 확률분포의 기대치를 생각해 보기로 하자.

연속형 확률분포에서는 연속 무한개의 수치에 대해 확률밀도가 주어지므로 그 형태를 각 수치로부터 파악하기란 매우 어려우며, 그래프의 형상으로 파악하는 수밖에 없다. 그렇게 되면 분포를 하나의 수치로 대표할 수 있는 기대치의 역할이 상당히 중요해 진다.

여기서는 연속형 확률분포의 기대치의 예로서 베타분포의 기대치를 설명하기로 한다. 하지만 연속형의 경우 기대치를 정의하고 계산하기 위해서는 적분 계산이 필요하므로 이 책에서는 결과만 소개한다.

제17강에서 해설했듯이 베타분포라는 것은 α, β를 1이상의 정수로 하여 다음과 같은 형태로 주어졌다.

$$y = (정수) \times x^{\alpha-1}(1 - x)^{\beta-1} \qquad (0 \leq x \leq 1)$$

x는 사상의 바탕이 되는 수치, y는 확률밀도였다. 이 베타분포의 기대치는 다음과 같은 공식이 된다.

$$\boxed{(베타분포의\ 기대치) = \frac{\alpha}{\alpha + \beta}}$$

이하에서는 제17강에서 제시한 베타분포들에 대해서 그 기대치를 이 공식으로 계산하여 그림과 같이 나타내 보기로 한다.

먼저, $\alpha = \beta = 1$인 경우 베타분석은, 정수함수

$$y = 1 \ (0 \leq x \leq 1)$$

이며, 그 기대치는,

$$\frac{\alpha}{\alpha + \beta} = \frac{1}{1 + 1} = \frac{1}{2}$$

이 된다. 확률분포도가 좌우대칭이라서 야지로베에의 지점이 한가운데가 되므로 당연한 결과다.

도표 18-6 $\alpha = 1$, $\beta = 1$인 베타분포의 기대치

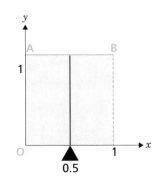

$\alpha = 2$, $\beta = 1$인 경우 베타분포는 1차 함수

$$y = 2x \qquad (0 \leqq x \leqq 1)$$

이며, 그 기대치는,

$$\frac{\alpha}{\alpha + \beta} = \frac{2}{2 + 1} = \frac{2}{3}$$

가 된다.

이것은 $2:1$의 비율로 나누는 점을 지점으로 잡으면 야지로베에가 균형을 잡게 된다. **도표 18-7**을 잘 살펴보면 이 점에서 균형이 맞춰진

다는 것을 그럭저럭 수긍할 수 있을 것이다.

도표 18-7 α = 2, β = 1인 베타분포의 확률분포도

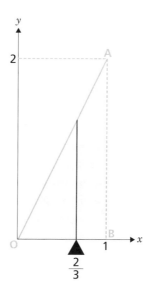

$\alpha = 1$, $\beta = 2$인 경우 베타분포는 1차 함수

$$y = 2(1 - x) \ \ (0 \leqq x \leqq 1)$$

이며, 그 기대치는,

$$\frac{\alpha}{\alpha + \beta} = \frac{1}{1 + 2} = \frac{1}{3}$$

이 된다. 이것은 바로 이전의 예와 좌우가 거꾸로 된 분포도가 되므로 야지로베에의 중심도 좌우가 뒤바뀐 지점이 되는 것은 명백하다.

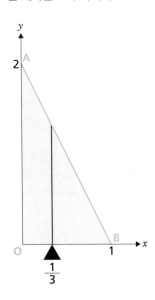

α = 2, β = 2인 경우 베타분포는 2차 함수

$$y = 6x(1 - x) \quad (0 \leqq x \leqq 1)$$

이며, 그 기대치는,

$$\frac{\alpha}{\alpha + \beta} = \frac{2}{2 + 2} = \frac{1}{2}$$

이 된다. 이 확률분포도는 좌우 대칭인 포물선이므로 야지로베에의 지점이 한가운데가 되는 것은 당연한 일이다.

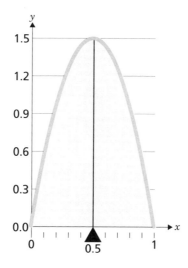

마지막으로 $\alpha = 4$, $\beta = 3$인 경우의 베타분포는,

$$y = 60x^3(1 - x)^2 \quad (0 \leqq x \leqq 1) \quad \cdots(9)$$

라는 식이 된다. 이 기대치는,

$$\frac{\alpha}{\alpha + \beta} = \frac{4}{4 + 3} = \frac{4}{7}$$

이 된다.

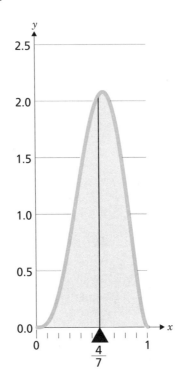

<table>
<tr><td rowspan="1"></td></tr>
</table>

① 기대치는 확률분포를 하나의 수치로 대표하는 값이다.

② 기대치는

(수치) × (그 수치가 나올 확률)의 합계

로 계산된다.

③ 기대치는 많은 횟수의 합계라는 의미에서 현실을 적중시킨다.

즉 N의 값이 충분히 클 때

(N번으로 실현한 수치의 합계)≒(기대치의 N배)가 성립한다.

④ 기대치는 확률분포도에서 야지로베에의 균형이 이루어지는 지점이 된다.

⑤ α, β를 설정하는 베타분포의 기대치는, $\dfrac{\alpha}{\alpha + \beta}$

(1) 1등인 10,000엔에 당첨될 확률이 0.01, 2등인 5,000엔에 당첨될 확률이 0.03, 3등인 100엔에 당첨될 확률이 0.1인 복권이 있다. 이 복권의 상금에 대한 기대치는,

( ) × ( ) + ( ) × ( ) + ( ) × ( ) = ( )엔

(2) 베타분포 $y = 1320x^7(1 - x)^3$의 기대치는,

$$\frac{(\quad)}{(\quad) + (\quad)} = (\qquad)$$

주관확률이란 어떤 확률인가?

주관확률은 귀에 익지 않은 말인데 확률의 사고법으로써는 유서 깊은 방식이다. 확률을 숫자로 다루게 된 것은 17세기 프랑스의 수학자 파스칼과 페르마의 연구 이후인데, '가능성'이라는 사고법 자체는 그보다 훨씬 더 이전부터 있었다. 거기서 말하는 '가능성'이란 '어느 정도의 신빙성이 있는가', '그 증거에 어느 정도 설득력이 있는가' 하는 '주관적'인 것이었다.

이와 같은 '신빙성', '증거능력'이 바로 확률이라고 생각한 사람이 있다. 17세기 인도의 수학자 라이프니츠다. 법학자이기도 했던 라이프니츠는 재판에서의 추론을 고찰했다. 재판에서는 피고인의 유죄를 증거로부터 증명해 나간다. 이때 피고인이 유죄일 '신빙성'은 주관확률로 구성된다고 해석했다.

주관확률을 명확한 숫자이론으로 만든 것은 169쪽의 칼럼에 소개한 20세기의 학자, 미국의 새비지였다. 새비지는 경제학의 전통적인 수법을 사용했다. 가령 사건 A가 일어나면 1만 엔을 받을 수 있는 복권 f와, 사건 B가 일어나면 1만 엔을 받을 수 있는 복권 g에 대하여, 어느 쪽이 갖고 싶은가를 물어봤다고 치자. 당신은 복권 f라고 대답했다. 참고로 경제학에서는 이것을 $f > g$로 표기한다. 이때 당신은 분명히 A쪽이 B보다 '가능성 있다'는 판단을 했다고 볼 수 있다. 이와 같은 무수한 앙케트에 당신이 답을 함으로써 모든 사상에 대해 그 '가능성'의 대소관계가 드러나고 그 관계성이 확률을 정의하게 된다. 지금의 예에서는 $p(A) > p(B)$가 현시된 것이다. 물론 이 확률의 부등식이 당신의 주관에 따른 것임은 말할 것도 없다. 새비지는 이렇게 해서 구성된 것이 주관확률이라고 주장했다.

확률분포도를 사용한
고도의 추정❶

» '베타분포'의 경우

19-1 여아의 사례를 더 정확하게 추정한다

전 강에서 준비를 마쳤으니, 이제 드디어 베타분포를 사용한 베이즈 추정의 방법을 알아볼 시점이 왔다.

제4강에서 다루었던 '어떤 부부의 첫째가 여아였다면 둘째 아이도 여아일 확률은 몇인가?'라는 문제를 예로 사용하기로 한다. 제4강에서는 상당히 불완전한 설정으로 베이즈 추정을 하였다. 이 부부의 타입 '여아가 태어날 확률'을 설정할 때 0.4, 0.5, 0.6의 세 종류밖에 생각하지 않았기 때문이다. 이 세 종류로 한정한 것에 대한 근거는 어디에도 없다. 자연스런 설정이 되게 하려면 타입 '여아가 태어날 확률'을 0 이상 1이하의 모든 수치를 대상으로 삼아야 한다. 제4강의 시점에서는 사전확률을 유한개의 타입에 대해서 밖에 설정할 수 없었지만, 연속형 확률분포를 다룰 수 있게 된 지금은 자연스런 설정을 이용한 베이즈 추정이 가능해졌다. 이번 강의에서는 베타분포를 사용하여 그것을 실행해 보자.

어떤 부부에게 여아가 태어날 확률을 x라고 하자. 이 x는 그 부부의 '타입'을 나타낸다. 타입은 물론 미지이므로 추측의 대상이 된다.

타입x는 당연히 0이상 1이하인데, 그중 몇인지는 전혀 알 수 없다. 따라서 어느 타입이 어느 정도 일어날 가능성이 있는가에 대한 사전확률을 설정한다. x가 세 가지일 때는 각 x에 설정할 수치가 사전'확률'만으로 충분했지만, 이번에는 x가 연속 무한개이므로 설정할 수치는 **'확률밀도'**가 된다(확률밀도에 대해서는 제16강에서 해설했다). 타입에 대한 가능성의 설정을 확률밀도로 하는 경우 이것을 **'사전분포'**라고 부른다.

여기서는 일단 x의 사전분포를 나타내는 확률분포를 균등분포라고 가정한다.

이것은 부부의 타입이 어떤 x이건 대등(각 확률이 같은 정도로 발생하는 상태)하다고 가정하는 것이다. 이 가정에 고개를 갸웃거리는 독자도 있을 것이다. 'x가 0이나 1에 가까운 경우와 0.5에 가까운 경우가 대등하다니 이상하다'고 의문이 드는 것은 지당하다. 이 의문에 대응할 수 있는 사전분포에 대해서는 이후의 절에서 해설할 예정이므로 여기서는 그 출발점으로써 균등분포인 사전분포를 생각하기로 하자.

타입x(x는 어느 부부에게 여아가 태어날 확률)에 대한 사전분포를,

$$y = 1 \quad (0 \leq x \leq 1)$$

로 설정한다. 이것은 모든 타입x의 가능성이 확률밀도 1임을 의미한다. 이것은 제4강의 도표 4-1에서 $p = 0.4, 0.5, 0.6$의 세 가지를 대등하게 (확률 $\frac{1}{3}$씩) 설정한 것을 무한정 잘게 나누어, 균등하게(확률밀도 1씩으로)설정하기로 했다고 해석하면 된다. 어느 타입에 배정된 확률밀도든 똑같기 때문에 모두 대등하다는 가정이 성립하는 것이다. 이 때 확률밀도 1을 확률로 오해하지 않기 바란다. 확률밀도는 확률과 다르다. 확률밀도는 x에 대한 폭을 곱하여 면적화했을 때 비로소 확률이 되는 양이다.

도표 19-1을 보자. 사전분포는 x축의 윗부분이다.

도표 19-1　타입이 균등분포인 경우

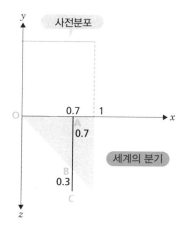

다음으로 x축 아래에 그린 직사각형은 제4강에 나온 도표 4-3의 직사각형 분할에 대응한다. 즉 세계가 가능세계로 분기되는 양상이다. 도표 4-3에서는 여섯 개의 직사각형으로 분할되어 있었지만, 도표 19-1에서는 무한한 선분(AB나 BC가 그중 하나)으로 분기되어 있다.

유한에서 무한으로 변화하는 모양을 **도표 19-2**에 제시했다.

도표 19-2 유한에서 무한으로

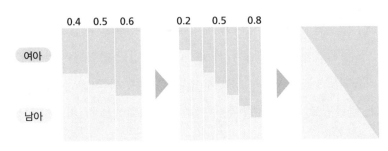

도표 19-1은 이렇게 보자. 예를 들어 그림 속의 $x = 0.7$(점A)은 부부의 타입이 0.7이라는 것, 즉 '이 부부에게 태어날 아이가 여아일 확률'이 0.7일 가능세계를 나타내고 있다. 따라서 이 부부의 첫째 아이가 여아(라는 가능세계)일 확률밀도는 0.7이 된다. 이것이 선분 AB의 길이로 나타나 있다. 당연히 남아일 확률밀도는 0.3이며 선분 BC의 길이로 표현되어 있다. 표면상으로는 눈에 띄지 않으나 여기에 실제로 '& 사상의 확률법칙'(193쪽)이 사용되었다. 즉 다음과 같이 계산된 것이다.

(AB의 길이) = (타입이 $x = 0.7$일 확률밀도)

×(타입이 $x = 0.7$ 하에서 여아가 태어날 확률)

= ($x = 0.7$일 때의 y)×p(여아 ∣ $x = 0.7$)

= 1×0.7

= 0.7

이것은 19-3절 이후에서는 본질적이 된다.

그러면 '이 부부의 첫째 아이가 여아였다'는 정보를 얻을 수 있었다고 치자. 그러면 도표 19-1에서 연한 색으로 색칠한 부분의 선분들(남아가 태어났다는 가능세계)은 소멸되고, 짙은 색 부분의 선분들(여아가 태어났다는 가능세계)만 남는다. 그것이 **도표 19-3**이다.

도표 19-3　남아가 태어났다는 가능세계가 사라진다

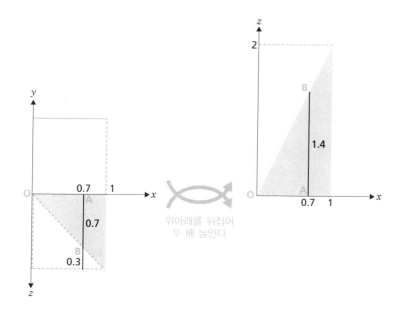

남아가 태어났다는 가능세계가 소멸되면 이제까지처럼 정규화 조건(전 사상의 확률이 1)이 충족되지 않는다. 여아가 태어났다는 가능세계(짙은 빗금부분의 삼각형)의 면적은 0.5이므로 이것이 1의 면적이 되도록 각 선분의 비례관계를 유지한 채 확률밀도를 변경해야만 한다. **각 선분을 두 배로 연장하면 정규화 조건이 충족된다**(삼각형의 높이가 2배가 된다). 그 결과가 도표 19-3의 오른쪽 그림이다. 이것은 왼쪽 그림에서

x축을 중심으로 아래 부분을 반대로 올려서 세로 방향으로 두 배 늘인 그림이다. 이 **오른쪽 그림이 베타분포인 α = 2, β = 1의 경우라는 것에 주의**하기 바란다(제17강 참조). 이것은 '부부의 첫째 아이가 여아였다'는 정보하에서의 부부의 타입 x에 관한 사후분포가 된다. 여기서도 사후확률이 아니라 사후분포라 표현하고 있다는 점에 주의하자. 분포도가 확률밀도를 나타낸 것이기 때문이다. 사후분포는 **도표 19-4**와 같아진다.

도표 19-4　사전분포와 사후분포

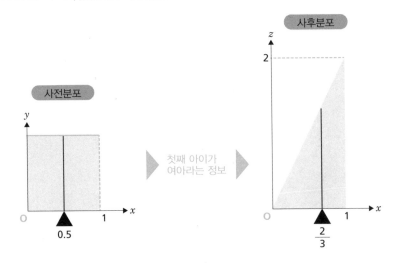

그림을 보면 알 수 있듯이 이 부부에게서 첫째 아이가 태어나기 전의 타입x에 관한 사전분포는 균등분포(어느 타입x이든 대등)가 되어 있는데, 첫째 아이가 여아였다는 정보를 얻음으로 하여 타입x에 관한 사후분포는 $z = 2x$라는 베타분포로 개정되었다. 이것은 타입x의 사후확률밀도가 x값이 클수록 커진다는 것을 뜻한다.

여기서 독자 여러분이 타입x에 관한 분포가 아니라 '이 부부에게서 다음에도 여아가 태어날 확률' 그 자체를 추정하고 싶다면 x의 확률분포의 **기대치**를 계산하는 것이 좋다. 사전분포와 사후분포가 전부 베타분포이므로 그들의 기대치는 전 강에서 배운 대로 구할 수 있다. 좌측의 균등분포($\alpha = 1$, $\beta = 1$인 베타분포)의 기대치는 0.5이고 우측의 $\alpha = 2$, $\beta = 1$인 베타분포의 기대치는 $\frac{2}{3}$이었다. 따라서 사전에는 반반으로 추정했던 '여아가 태어날 확률'이 '첫째 아이가 여아'라는 정보를 얻은 후에는 $\frac{2}{3}$라는 수치로 개정이 이루어지는 것이다.

19-3 둘째도 여아였을 때의 추정

베타분포의 사용에 따른 혜택을 알기 위해서, 이 부부에게 둘째로 태어난 아이도 여아였을 경우의 베이즈 추정을 해보자.

이 추정은 타입에 대한 사전분포가 균등분포이며, 그로부터 두 명 연속으로 여아가 태어난 세계라는 설정으로 구할 수 있다. 그러나 제12강에서 해설한 '**베이즈 추정의 축차합리성**'이라는 성질(12-4절)에 따라, 전 절에서 구한 사후분포($z = 2x$)를 사전분포로 재설정하여 재차 여아가 태어났다는 새로운 정보에 따라 사후분포를 구해도 동일하다. 여기서는 이 방법으로 베이즈 추정을 실시해 보기로 하자.

도표 19-5의 왼쪽 그래프를 보기 바란다. x축의 윗부분이 사전분포로, 설정한 대로 베타분포 $y = 2x$다. 그리고 x축 아래 그림은 이 부부에게서 여아가 태어났다는 정보하에서 세계를 분할한 것이다. 결론부터 말하면 아래쪽 색칠한 부분과의 경계를 이루는 곡선은 포물선

$$z = 2x^2 \quad \cdots(1)$$

이 된다. 이 포물선 위의 빗금 부분이 부부가 타입 x인 경우에 여아가 태어날 확률밀도를 나타낸다. 또 부부가 타입x인 경우에 남아가 태어날 확률밀도를 나타낸 것이 직선 OF와 포물선(1) 사이의 부분이다.

　부부가 타입x인 경우 여아가 태어날 확률밀도가 (1)식이 되는 것은 제15강에서 해설한 '& 사상의 확률법칙'(193쪽)에 따른 것이다. 타입 x인 부부에게 여아가 태어날 확률밀도는 x 그 자체이므로 조건부 확률 p(정보|타입)에서 타입 = 'x', 정보 = '여아'라 하면, 이 확률 모델에서는,

$$p(여아 \mid x) = x$$

라는 설정이 된다. 따라서 다음과 같은 계산이 성립한다.

$$p((부부가\ 타입x)\&(타입x인\ 부부로부터\ 여아가\ 태어난다))$$
$$= p(타입x) \times p(여아 \mid x)$$
$$= 2x \times x$$
$$= 2x^2$$

　여기서 '&의 확률밀도를 어떻게 확률과 동일하게 곱셈으로 구할 수 있는가'에 대해 설명하겠다(군이 필요치 않다고 생각한다면 이 설명은 건너뛰어도 상관없다). **도표 19-5**의 오른쪽 그림이 이를 나타내 준다. 여기서는 타입x = 0.7을 예로 들었다. 부부가 타입 0.7인 가능세계를 x

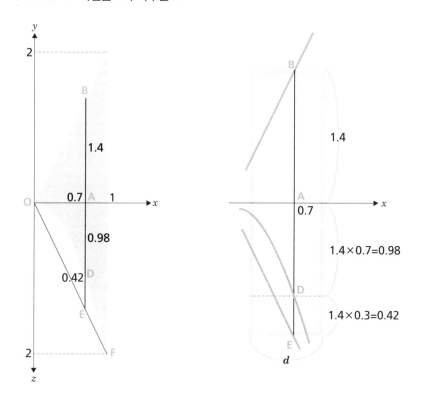

축 상부의 아주 작은 직사각형으로 유사해 있다. 폭 d를 아주 작은 값으로 설정하면 0.7을 중심으로 하는 근소폭 d 범위의 타입x들의 관계는, 그 확률밀도를 모두 1.4로 간주해도 손색이 없다고 여기는 것이다. 그러면 부부가 이 직사각형(가능세계)에 속할 확률은 d×1.4다. 확률밀도에 폭을 곱하면 확률로 전환된다는 것을 이용한 계산이다. 그리고 이 세계에 속하는 부부로부터 여아가 태어날 확률은 0.7이므로 (부부가 타입 0.7에 속한다)&(타입 0.7인 부부로부터 여아가 태어난다)는 가능세계는 x축 아래에 있는 직사각형인 AD부분의 직사각형으로 유사할 수 있다.

이 직사각형에서 점D는 0.7과 0.3의 비율로 분할되는 지점에 있으므로, 이 면적은 (d×1.4)×0.7로 구할 수 있다. 그러면 AD의 길이는 (폭d를 제거하고) 1.4×0.7 = 0.98임을 알 수 있다.

그러면 '다음 아이도 여아가 태어났다'는 정보에 의해 도표 19-5 왼쪽 그림의 OF와 포물선(1)로 둘러싸인 부분이 소멸되고, 포물선 (1)과 x축으로 둘러싸인 부분(색칠한 부분)만이 남는다. 이 면적은 1이 아니기 때문에 언제나처럼 정규화 조건을 사용하여 면적을 1로 만들어 주어야 한다.

여기서 2차 함수 y = (정수)x^2은 α = 3, β = 1인 경우의 베타분포가 된다는 점에 주의하자. 이로써 정규화 조건을 충족한 사후분포는,

$$y = 3x^2 \quad (0 \le x \le 1)$$

이 된다(계수가 3이 되는 것은 추정에서 중요하지 않으므로 이유는 생략한다).

그러면 이 α = 3, β = 1인 베타분포의 기대치는 전 강에서 설명한 공식에 따라 다음과 같이 계산된다.

$$\frac{\alpha}{\alpha + \beta} = \frac{3}{3+1} = \frac{3}{4}$$

즉 두 명 연속해서 여아가 태어난 부부에게 다음에도 여아가 태어날 확률은 $\frac{3}{4}$ 라고 보는 것이 베이즈 추정의 결과다.

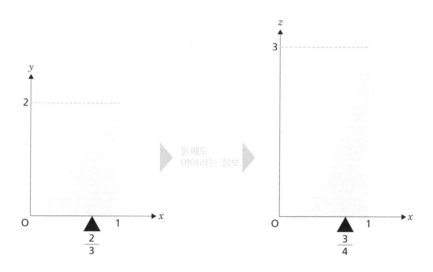

19-4 균등분포가 아닌 사전분포를 설정하여 추정한다

　19-2절에서 기술하였는데, 어느 부부에게 여아가 태어날 확률에 대한 사전분포를 균등분포로 하는 것을 그리 타당하지 않다고 보는 사람도 많을 것이다. 타입이 0이나 1에 가까운 경우와 0.5에 가까운 경우가 대등하다고 생각되지 않기 때문이다. 이런 때는 0.5 주변의 타입이 일어나기 쉽고 0.5에서 먼 타입은 일어나기 어렵다고 초기설정을 하는 것이 바람직할 것이다. 마지막으로 그 예를 풀어보자.

　이 경우, 사전분포를 $\alpha = 2$, $\beta = 2$인 베타분포로 설정하면 좋다. 제17강에서 해설했듯이 이 분포는,

$$y = 6x(1 - x) \quad (0 \leqq x \leqq 1)$$

가 된다(**도표 19-7**).

이 사전분포에서라면 타입이 0.5에서 멀수록 그 확률밀도는 점점 작아진다. 이때 '타입 x인 부부로부터 여아가 태어날' 확률은 다음과 같이 계산할 수 있다.

$$p((타입x) \& (여아))$$
$$= p(타입x) \times p(여아 \mid x)$$
$$= 6x(1 - x) \times x$$
$$= 6x^2(1 - x)$$

따라서 정규화 조건을 실행하면 사후분포인 베타분포로써,

$$z = 12x^2(1 - x)$$

가 나온다(계수가 12가 되는 이유는 생략한다). 이로써 이 부부로부터 다음에도 여아가 태어날 확률은 베타분포의 기대치 공식(제18강)에 따라 다음과 같이 추정하게 된다.

$$\frac{\alpha}{\alpha + \beta} = \frac{3}{3 + 2} = \frac{3}{5}$$

이것은 0.6이므로 균등분포를 사전분포로 했을 때(추정치는 약 0.67)보다 여아가 태어날 확률의 어림값이 0.5에 조금 더 가까운 수치가 되었다. 많은 사람이 이편을 더 무난한 추정이라고 생각할 것이다.

도표 19-7   균등하지 않은 베타분포로 이루어진 사전분포

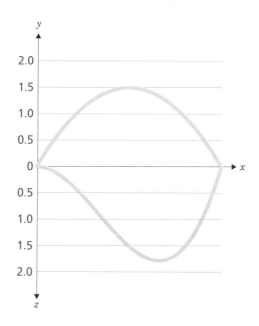

19-5   베타분포를 사전분포에 사용하는 이유

여기까지 읽은 독자는 '어느 부부로부터 여아가 태어날 확률'의 베이즈 추정에서 사전분포에 왜 베타분포를 설정하는가에 대한 이유를 대략 가늠할 수 있을 것이다. 그것은 **사후분포도 베타분포가 되어야 편리하기 때문이다.**

여아가 태어날 확률은 타입 x의 확률밀도에 x를 곱하고, 남아가 태어날 확률은 타입 x의 확률밀도에 $(1 - x)$를 곱해서 구할 수 있다. 이렇게 타입 x의 사전분포를 베타분포로 설정해두면 사후분포도 베타분포가 됨을 알 수 있다.

이처럼 설정되어 있는 확률 모델에 대해 **사후분포가 사전분포와 동일한 분포를 따르게 되는 경우 이 사전분포를 '공액사전분포'라 부른다.** 여기서 아이가 여아인지 남아인지에 대한 확률 모델의 공액사전분포는 베타분포다.

베이즈 추정에서는 **추정하고 싶은 확률 모델의 공액사전분포를 사전분포로 사용하는 것**이 통례다. 그 이유로 다음 두 가지를 생각할 수 있다.

첫 번째 이유: 사전분포와 사후분포가 같은 분포를 따르면 계산이 현저히 간편해 진다.

두 번째 이유: 사전분포와 사후분포가 다르다는 것은 철학적으로 볼 때 이상하다고 생각할 수 있다.

이상의 두 가지 이유는 정반대라 해도 될 만큼 다른 시점이다. 어디까지나 전자는 기능면에서의 이유이고, 후자는 철학적인 이유를 붙인 것이기 때문이다. 그러나 어느 한쪽을(혹은 양쪽을) 채용하게 된다면 공액사전분포를 사용하는 것의 정당성을 어느 정도 수긍한다는 뜻일 것이다.

완전독학 '확률론'에서 '정규분포에 따른 추정'까지

①'부부의 첫 아이가 여아일 때, 다음 아이가 여아일 확률 x는?'을 추정하려는 경우, 타입을 $0 \leqq x \leqq 1$로 설정한다.

②타입 x의 사전분포를 균등분포로 설정하면 사후분포는 베타분포가 된다.

③세계의 분기는 p(타입x)$\times x$와 p((타입x)$\times(1-x)$로 계산한다.

④타입 x의 확률분포가 아니라 타입 그 자체를 추정하려고 할 때는 베타분포의 기대치를 사용한다.

⑤공액사전분포란 사전분포와 사후분포가 같은 분포를 따르게 하는 사전분포를 말한다.

⑥'태어날 아이가 여아인가 남아인가'에 대한 추정의 공액사전분포는 베타분포다.

약이 어느 병에 효과가 있고 없는가를 보기 위한 임상실험을 실시했다. 10명의 환자에게 투여했더니 4명에게 효과가 있었고 6명에게는 효과가 없었다. 이때이 약이 효과가 있을 확률을 베타분포에 의한 베이즈 추정으로 평가해 보기로하자. 아래의 괄호를 적절히 메우시오.

사전분포를 균등분포로 한다. 즉,

$$y = (\quad)$$

로 설정한다.

이때 효과가 있을 확률밀도가 x하에서 특정한 순서로 4명에게 효과가 있고 6명에게 효과가 없다는 결과가 나올 확률은 x를 네 번 $(1 - x)$를 여섯 번 곱하면 얻을 수 있으므로,

$$y = x^{(\quad)}(1 - x)^{(\quad)}$$

이 된다. 따라서 정규화 조건에 의해 사후확률의 확률분포는 적당한 정수에 대해서,

$$y = (정수)\, x^{(\quad)}(1 - x)^{(\quad)}$$

가 된다. $\alpha = (\quad)$, $\beta = (\quad)$인 베타분포다. 이 베타분포의 평균치를 구하면,

$$(약이 효과가 있을 확률) = \frac{(\quad)}{(\quad) + (\quad)} = (\quad)$$

로 추정된다.

20

동전 던지기나 천체 관측에서 관찰되는 '정규분포'

20-1 통계학의 주역인 '정규분포'

통계학에서 가장 잘 이용되는 것은 정규분포라 불리는 연속형 확률분포다. 이것은 표준 통계학(네이만·피어슨 통계학)에서도 그렇고 베이즈 통계학에서도 마찬가지다.

정규분포가 범용되고 있는 이유는 크게 두 가지다.

첫째, 나중에 확인하겠지만 **정규분포가 매우 편리한 수학적 조작성을 지니고 있다는** 점. 둘째, **자연계나 사회에 상당히 자주 출현하는 확률분포라**는 점이다. 이번 절에서는 두 번째 이유에 대해 간략히 이야기해 보자.

정규분포가 맨 처음 발견된 것은 **N개의 동전을 던졌을 때 앞이 x개 나올 확률**을 $p(x)$라 한 경우, N값이 어느 정도 클 때는 $p(x)$의 분포도가 특징적인 형태(종모양)가 된다는 것에서였다. 드무아브르나 라플라스 등의 수학자들이 이 그래프를 이루는 함수를 발견했다(**도표 20-1**의 식).

그 후 수학자 가우스가 천문대의 소장을 맡고 있을 때 천체관측의 오차로서 나타나는 확률분포를 분석하여 같은 분포도를 도출했다.

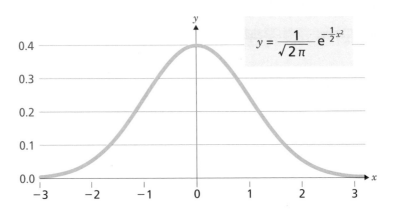

$$y = \frac{1}{\sqrt{2\pi}}\, e^{-\frac{1}{2}x^2}$$

가우스 이후 확률이론과 통계학이 진보함에 따라 이 정규분포가 여러 경우에서 관측된다는 사실이 드러났다. 예컨대 인간을 포함한 다양한 생물종의 키 데이터는 종별로 정규분포를 따르고 있음을 알게 되었다. 또 체내 조성물(혈액 등)의 분포에서도 정규분포를 볼 수 있다. 전파를 수신할 때의 노이즈도 정규분포다. 최근에는 주식의 수익률 분포도 정규분포라는 것이 유력한 가설로 전해지고 있다. 이와 같이 정규분포는 우리 주위의 많은 현상에서 나타난다.

20-2　종 모양을 띤 정규분포

정규분포란 특징적인 형태를 띤 그래프를 분포도로 가지는 분포를 가리킨다. 형태를 알기 위해서 먼저 '표준 정규분포'라는 정규분포의 대표 선수격 그래프를 살펴보자. 그것이 도표 20-1이다. 가로축 x는 타입을 나타내는 수치이며, 세로축 y는 그것이 출현할 확률밀도다. 이 그래프는 다음과 같은 특징을 지닌다.

- y축($x = 0$)을 축으로 좌우 대칭형이다.
- 종 모양을 띠며, 가장 높은 장소는 $x = 0$인 부분이다.
- 확률밀도는 아무리 큰 양수 x이거나, 아무리 작은 음수 x여도 0은 되지 못한다(그래프가 좌우로 무한히 뻗어 있다).
- $x \geq 2$의 부분에서는 그래프는 급격히 낮아진다. 마찬가지로 $x \leq -2$인 부분에서도 그래프가 급격히 낮아진다.

우측 상단에 적혀 있는 것이 확률밀도를 나타내는 함수식인데, 상당히 복잡하여 눈이 휘둥그레질 것이다. 계수의 분모에 원주율 π의 제곱근 같은 것이 붙어 있는데, 이것은 그다지 중요하지 않다(정규화 조건을 충족하기 위한 것이다). 중요한 것은 무리수 e(네이피어 정수)의 거듭제곱이 되어 있는 점과 지수 부분이 음의 계수인 2차 함수로 이루어져 있다는 점이다. 이것으로부터 앞서 설명한 형상이나 특징이 나온다. 그러나 이 책에 그 이상의 함수식은 나오지 않으므로 잊어버려도 관계없다.

이것은 연속형 확률분포라서 높이 y는 확률이 아니라 확률밀도를 나타내므로 '폭을 가진 부분의 면적이 확률이 된다'는 점은 베타분포와 같다. 예컨대 $-1 \leq x \leq 1$을 충족하는 x가 관측될 확률은 **도표 20-2**의 색칠한 부분의 면적이 되는데, 그 값은 약 0.6826이다.

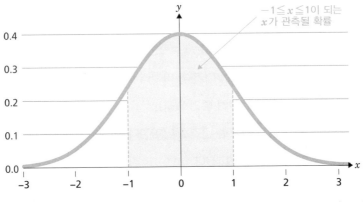

색칠한 부분의 면적은 약 0.6826. 이것이 확률 $p(-1 \leqq x \leqq 1)$

20-3   정규분포는 'μ'와 'σ'로 인해 특정된다

일반 정규분포는 표준 정규분포로부터 쉽게 얻을 수 있다. 그것은 그래프를 다음과 같이 변형하면 된다.

단계 1: y축을 중심으로 좌우를 σ배로 늘인다(σ는 그리스 문자로, '시그마'라 읽는다). 정규화 조건(전체 면적이 1)을 충족하기 위해 각 부분의 높이는 σ분의 1이 된다.

단계 2: 산꼭대기인 x좌표가 μ(μ는 그리스 문자로, '뮤'라고 읽는다)가 되는 부분까지 옆으로 평행 이동한다.

이때 μ와 σ의 역할을 설명해 보자.

μ는 **확률분포의 평균치**다. 즉 '야지로베에가 균형을 잡은 지점'이다. 좌우 대칭이므로 산 정상의 위치가 된다. 한편 σ는 **표준편차**라 불리는 지표로 분포의 **'흩어짐'이나 '퍼짐'의 정도**를 나타낸다.

'흩어짐', '퍼짐'을 이미지적으로 설명해 보자. 평균 μ는 확률분포도의 산 정상에 위치하므로 가장 관측되기 쉬운 수치다. 따라서 '무엇이 관측될지 예언하라'고 한다면 'μ 근처일 것이다'라고 예언하는 것이 안전하다. 그러나 그 예언이 어느 정도의 정확도로 맞는가는 분포의 '흩어짐'과 '퍼짐'에 의존한다. 산꼭대기가 높고 저변이 낮은 분포의 경우 μ 옆의 수치가 관측되기 쉬우므로, 예언은 꽤 높은 정확도로 들어맞을 것이다. 그러나 꼭대기가 낮고 저변이 높은 분포의 경우는 반대로 μ에서 먼 수치도 상당한 빈도로 관측된다. 따라서 예언이 빗나갈 가능성이 높아지며 정확도는 낮아진다.

요컨대 **표준편차 σ는 '관측치의 평균치에서의 오차ㆍ흔들림의 정도'를 표현하는 지표**라고 이미지할 수 있다. 이 책에서는 표준편차에 대해서 이이상 깊이 들어가지 않으므로 자매서《세상에서 가장 쉬운 통계학 입문》을 참조하기 바란다.

다시 돌아와 **일반 정규분포는 μ와 σ를 정하면 하나로 특정**된다. 특히 표준 정규분포는 μ = 0, σ = 1에 대응하는 법이다.

이상의 것을 σ = 2, μ = 3으로 예시한 것이 **도표 20-3**이다.

상단이 표준 정규분포의 분포도다. 산꼭대기는 $x = 0$인 부분이며 퍼짐은 1이 되어 있다. 아래의 왼쪽 그림은 그 표준 정규분포를 좌우로 두 배 확대한 것이다. 산의 경사는 조금 완만해졌다. 전체 면적을 1로 유지하기 위하여 대응하는 x 부분의 높이는 똑같이 2분의 1이 되었다. 이 조작에 따라 표준편차 σ = 2인 정규분포가 만들어진다(평균 μ는 그

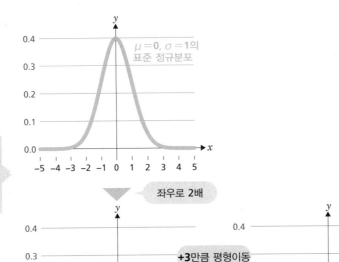

대로 0). 아래의 오른쪽 그림은 그 그래프를 좌우로 +3 평행 이동한 것
이다. 당연히 꼭대기는 x = 3의 위치에 와 있다. 이 조작에 따라 평균
μ = 3의 정규분포가 만들어진다. 이렇게 하여 μ = 3, σ = 2인 정규분
포의 확률분포도를 구할 수 있다.

정리하면 다음과 같다.

─일반 정규분포의 성질

● **정규분포는 평균 μ와 표준편차 σ을 주면 하나로 특정된다.**

- **μ는 분포의 평균치를 뜻한다.** 그래프의 꼭대기를 나타내며, 분포도의 야지로베에가 균형을 이루는 지점이 되어 있다.

- **σ는 분포의 표준편차를 나타낸다.** 그래프가 좌우로 얼마만큼 펼쳐져 있는가를 나타내며 분포의 '퍼짐', '흩어짐'을 의미한다.

- 표준 정규분포는 μ = 0, σ = 1인 경우다. **평균 μ, 표준편차 σ인 정규분포의 분포도는 표준 정규분포의 분포도를, 면적이 바뀌지 않도록 좌우로 σ배, *y*방향으로 1/σ배로 늘여서 *x*방향으로 μ만큼 평행 이동 시킨 것이다.**

20-4 일반 정규분포의 확률은 표준 정규분포의 형태로 되돌려 생각한다

일반 정규분포의 확률은 표준 정규분포의 확률을 알면 쉽게 계산할 수 있다.

예를 들어 μ = 3, σ = 2인 정규분포에서 $1 \leq x \leq 5$의 범위 x가 관측될 확률을 계산해 보자.

조금 전 설명한 대로 표준 정규분포(μ = 0, σ = 1인 정규분포)의 그래프를 좌우로 두 배로 확대하여 가로 방향으로 +3 평행 이동한 것이다. 따라서 이것을 거꾸로 되돌려 가로 방향으로 −3 평행 이동하고 좌우로 2분의 1배를 축소하면 표준 정규분포로 돌아온다.

즉 변수 x를 $z = \frac{x-3}{2}$으로 변형하면 변수 z는 표준 정규분포에 따르는 변수가 된다는 뜻이다. 그러면,

$$1 \leq x \leq 5$$
$$\rightarrow 1 - 3 \leq x - 3 \leq 5 - 3$$
$$\rightarrow -2 \leq x - 3 \leq 2$$

$$\rightarrow -2 \div 2 \leqq (x - 3) \div 2 \leqq 2 \div 2$$

라는 변형으로부터,

$$-1 \leqq \frac{x-3}{2} \leqq 1, \ \text{즉} -1 \leqq z \leqq 1$$

을 얻을 수 있다. 확률기호로 쓰면,

$$p(1 \leqq x \leqq 5) = p(-1 \leqq \frac{x-3}{2} \leqq 1) = p(-1 \leqq z \leqq 1)$$

따라서 μ = 3, σ = 2인 **정규분포에서 1 ≦ x ≦ 5의 범위의 x가 관측될 확률은 표준 정규분포에서 −1 ≦ z ≦ 1을 충족하는 z가 관측될 확률과 같아진다.** 다시 말해 이 확률은 20−2절에서 보여준 대로 약 0.6826이 된다.

$$p(1 \leqq x \leqq 5) = \text{약 } 0.6826$$

20-5 정규분포에서 복수의 관측치의 평균은 정규분포

정규분포에는 다음과 같은 상당히 뛰어난 성질이 있다.

정규분포의 관측치 평균의 성질

평균 μ, 표준편차 σ인 정규분포에 따라 관측된 수치를 n개 관측하여 그 평균치를 $\bar{x}$라고 표기한다. 즉,

$\bar{x}$ = (n개의 관측치의 합)÷n

이때 $\bar{x}$도 정규분포에 따라 그 평균과 표준편차는 다음과 같이 주어진다.

평균 μ, 표준편차 $\dfrac{\sigma}{\sqrt{n}}$

'정규분포는 평균을 취해도 정규분포 그대로'라는 것은 대단히 놀라운 성질이다. 20–1절에서 말한 '편리한 수학적 조작성'이란 이를 두고 한 이야기다. 또 평균은 변함이 없으며 표준편차는 관측 횟수의 제곱근으로 나눈 수치가 된다는 점도 훌륭하다. 감각을 얻기 위해 아래 문제를 풀어보자.

문제

일본 성인 여성의 키는 정규분포를 띄는데, 그 평균은 약 160cm, 표준편차는 약 5cm다. 일본 성인 여성을 랜덤으로 25명 선택하여 여성들의 키의 평균치 $\bar{x}$ 산출을 반복해서 실시했다고 하자. 이때 $\bar{x}$가 따르는 것은 무슨 확률분포인가?

정답

$\bar{x}$는 정규분포를 따른다고 생각할 수 있다. 그 평균과 표준편차는 다음과 같다.

평균 = 약160cm

표준편차 = 약5 $\div \sqrt{25}$ = 약 1cm

❶ 정규분포는 자연이나 사회에서 자주 관측되는 확률분포다.

❷ 정규분포는 평균 μ와 표준편차 σ를 결정하면 하나로 특정된다.

❸ 평균 μ는 그래프의 정점의 위치를 나타내고, 표준편차 σ는 산의 퍼진 정도를 나타낸다.

❹ 표준 정규분포는 모든 정규분포의 중요한 근본이 된다. 이것은 μ = 0, σ = 1일 때를 말한다.

❺ 평균 μ, 표준편차 σ인 정규분포를 확률분포로 가지는 변수 x를 $z = \frac{x - \mu}{\sigma}$ 로 변수변환하면 변수z는 표준 정규분포를 확률분포로 가지는 변수가 된다.

❻ 평균 μ, 표준편차 σ인 정규분포에 따라 수치를 n개 관측하고 그 평균치를 $\bar{x}$라 하면, $\bar{x}$는 평균 μ, 표준편차 $\frac{\sigma}{\sqrt{n}}$의 정규분포에 따른다.

(1) z를 표준 정규분포에 따라 관측되는 수치라 하자. 이때 z가 $-1 \leq z \leq 1$의 범위에 있을 확률 $p(-1 \leq z \leq 1)$가 0.6826이라는 것으로부터 z가 $0 \leq z \leq 1$가 되는 범위는 다음과 같이 구할 수 있다.

$$p(0 \leq z \leq 1) = p(-1 \leq z \leq 1) \div (\quad) = (\qquad)$$

(2) x가 $\mu = 5$, $\sigma = 3$인 정규분포에 따라 관측된 수치라고 하자. 이때 x가 $5 \leq x \leq 8$의 범위에 있을 확률 $p(5 \leq x \leq 8)$를 구하면 다음과 같다.

$$p(5 \leq x \leq 8) = p(\frac{5 - (\quad)}{(\quad)} \leq \frac{x - (\quad)}{(\quad)} \leq \frac{8 - (\quad)}{(\quad)})$$
$$= p((\quad) \leq z \leq (\quad))$$

따라서 (1)의 결과를 사용하여 (　　)가 된다.

(3) $\mu = 5$, $\sigma = 3$인 정규분포에 따라 관측되는 수치를 16회 관측하여 나온 수치의 평균치를 $\bar{x}$라고 한다. 이때 $\bar{x}$는 평균 (　　), 표준편차 (　　)인 정규분포에 따른다.

확률분포도를 사용한
고도의 추정❷

» '정규분포'의 경우

21-1 정규분포를 사전분포로 설정하여 추정한다

이 책의 마지막을 장식하는 추정으로 **정규분포를 사용한 베이즈 추정**에 대해 알아보기로 하자.

사전분포에 정규분포를 설정하는 상황으로는 다음과 같은 경우를 생각해 볼 수 있다.

- 다루는 확률 모델이 정규분포로 주어져 있다.
- 상정된 타입에 대해 특정 타입의 주변에 몰려 있을 법하며, 그로부터 떨어진 타입은 거의 없어 보인다.

전자의 이유는 사전분포와 모델의 확률분포를 동일한 족으로 만들려는 발상인데 그러한 사전분포를 **'공액사전분포'**라 부른다(256쪽). 즉 전자를 전문용어로 바꿔 말하면 '정규분포가 공액사전분포다'가 된다.

후자의 이유는 **'있을법한 타입'**이 어딘가에 집중해 있다고 보는 **'사전 선입견'**에 기인한다. 예컨대 '일본 성인 여성의 키'를 타입으로 설정하는 것과 같은 확률 모델에서는 100cm에서 200cm까지를 대등한 가능성으로 설정한다는 것은 타당하다고 보기 어렵다. 일본 성인 여성의 키는 평균 160cm 정도이므로 '160cm 주변일 가능성이 크고 그에 비해 180cm나 140cm 등일 가능성은 상당히 낮다'는 선입견을 갖는 것이 일반적이다. 따라서 키에 대해 타입으로 사전분포를 설정한다면 160cm 주변을 두텁게, 그로부터 멀어질수록 얇아지게 해야 할 것이다. 이런 경우에는 정규분포로 설정하는 것이 적절하다고 볼 수 있다.

21-2 정밀도가 나쁜 온도계로 욕조의 온도를 추정한다

지금까지 여러 차례 해온 것처럼 베이즈 추정에서는 타입에 대한 사전확률과 각 타입으로부터 얻은 정보로 '~&~'라는 형태의 사건에 대한 확률을 계산해야 한다. 이제까지의 예로 보면 제2강에서는 타입 '암', '건강'과 정보 '양성', '음성'을 가지고 '암&양성'이나 '건강&음성' 등에 대한 사건의 확률을 계산했다. 제3강에서는 타입 '진심', '논외'와 정보 '초콜릿을 준다', '초콜릿을 주지 않는다'를 가지고 '진심&주지 않는다', '논외&준다' 등에 대한 사건의 확률을 계산했다.

정규분포를 공액사전분포로 하는 경우도 같은 작업을 해야 하는데, 결론부터 말하면 '~&~'라는 형태를 띤 사건의 확률분포도 전 강에서 해설한 정규분포(에 비례하는 분포)가 된다. 제19강에서 '(타입p)&여아'의 분포도 베타분포(에 비례하는 분포)로 이루어졌는데, 이와 같은 현상이 일어난다. 공액사전분포에는 본래 그런 의미가 담겨 있으므로 당연한 일이다. 그러나 정규분포의 경우는 베타분포와 달리 이 부분을 일반적으로 해설하려 하면 상당히 이해하기가 어렵다. 그것은 정규분포의 식이 복잡하기 때문이다.

그래서 이번 강의에서는 고육지책을 택했다. 첫 번째는 일반론을 기술하기 전에 구체적인 베이즈 추정의 프로세스를 살펴보면서 '~&~'의 확률밀도의 공식을 설명하는 것이다. 그리고 두 번째는 '~&~'의 확률밀도 공식이 어째서 그렇게 되는가에 대한 이유는 생략하기로 했다. 다음은 확률 모델의 예다.

정밀도가 낮은 온도계로 뜨거운 물의 온도를 잰다

욕조물을 적정 온도 42℃로 데우려고 한다. 다 데워졌을 즈음 온도계로 온도를 쟀다. 단, 사용한 온도계는 정밀도가 낮아서 계측된 온도 x는 실제 온도 θ(세타)가 평균, 표준편차가 2℃인 정규분포의 확률분포를 따른다고 한다. 지금 온도계가 40℃를 가리켰다면 실제 온도는 몇 도일까?

이 문제를 정규분포에 따른 베이즈 추정으로 풀어 볼텐데, 그 프로세스를 지금까지와 같은 단계로 나누어 풀어보자.

21-3 정규분포에 의한 베이즈 추정의 단계

단계1: 사전분포를 정규분포로 설정한다

우리가 추정하려는 것은 실제 온도 θ다. 지금 40℃라는 관측 결과(정보)가 있으므로, 그 전에 이 θ가 어떤 분포를 보이는가를 타입의 사전분포로 설정하는 것이 베이즈 추정의 방식이다. 이 문제에서 타입의 사전분포를 설정하는 경우 이제까지와 다른 점이 있다. 그것은 '실제 온도 θ에는 여러 가지 타입(온도)이 있으며, 각각의 타입(온도)에는 가능성이 「있어 보이는 가」, 「없어 보이는 가」에 대한 차이가 있다'는 점이다. 이 경우 정규분포로 설정하는 것이 무난하다(공액사전확률). 적정 온도인 42℃로 데우려고 하므로 평균이 42℃인 정규분포로 설정하는 것이 자연스럽다. 표준편차는 어떻게 설정해도 가능하지만 여기서는 3℃로 해두자. 즉 다음과 같이 설정한다.

사전분포의 설정 **타입θ는 평균 42, 표준편차 3인 정규분포를 따른다.**

단계2: 타입θ하에서 40℃라는 온도가 계측될 확률밀도를 함수로 구한다

베이즈 추정의 다음 단계는 타입을 정한 뒤 그 타입으로부터 추정에 대한 정보를 얻을 수 있는 확률밀도를 계산하는 것이다. 암 검사의 예로 말하면, '암'인 사람이 검사에서 '양성'이 나오는 사건, 즉 '암&양성'인 확률이다. 나머지도 모두 열거하면, '암&음성', '건강&양성', '건강&음성'으로, 이 네 종류의 확률을 계산했다. 이는 모두 '타입&정보'의 조합으로 이루어져 있다.

욕조물을 데우는 문제에서 **'타입&정보'**는 '(실제의 온도θ)&(계측된 온도x)'의 형태가 된다. 그러나 이 조합의 확률에서는 두 가지 난관에 가로막히게 된다. 첫째로 암 검사가 네 가지로 해결된 것과 달리 이 경우는 연속 무한개의 조합이 된다는 점이다. 그렇기 때문에 그림으로 나타내는 것이 불가능해 진다(제19강에서의 베타분포의 경우는 정보가 '여아,' '남아'의 두 가지였으므로 간신히 그림으로 나타낼 수 있었던 것이다). 둘째로 '타입&정보'의 확률은 '조건부 확률의 공식'으로 계산되는데, 이 경우 계산이 매우 복잡해져서 수학에 상당히 능한 사람이 아니

고서는 쉽게 이해하기 어렵다는 점이다.

그래서 이 강의에서는 부득이 다음과 같이 처리하기로 했다.

● 근원사상 '(실제 온도 θ) & (계측된 온도 x)' 중 'θ & 40'에 대한 확률분포만을 그림으로 나타낸다. ('θ & 38'이나 'θ & 47' 등 무한히 있지만 나머지는 그림으로 제시하지 않는다.)

도표 21-1   정규분포를 사용한 베이즈 추정

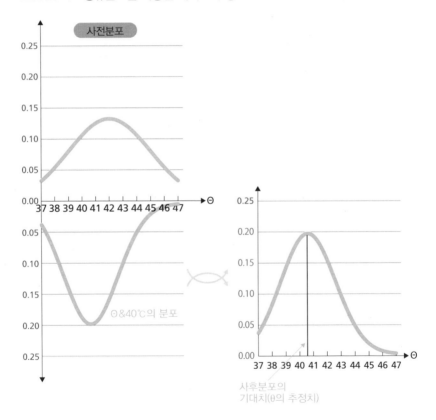

● 근원사상 'θ&40'의 분포를 정규화 조건이 충족되도록 조정하면 정규분포가 되는 것과 그 평균 및 표준편차가 어떻게 계산되는가에 대해서는 각론하고 결론만 제시한다.

이 방침으로 해설을 이어 나가기로 한다.

도표 21-1을 보자. 상단에 위로 향한 그래프가 θ의 사전분포다. 이것은 설정한 대로 평균 42, 표준편차 3의 정규분포로 이루어져 있다.

그리고 하단에 아래로 향해 그려진 것이 타입이 θ(실제 온도가 θ)일 때 40℃로 계측된 확률밀도의 그래프다. 다시 말해 계측 된 온도에 의해 분기되는 세계(37℃로 계측된 세계, 45℃로 계측된 세계 등 모든 세계) 중에서 40℃로 계측된 세계만을 집어내어 그린 그래프다.

단계3: 사전분포를 구하고 그 분포의 기대치를 계산한다

도표 21-1에는 각 θ에 대해 그 θ하에서 40℃가 관측될 확률밀도를 나타내는 부분만 그렸으므로, 정규화 조건을 충족하지 않는다. 이것은 이제까지 나왔던 모든 베이즈 추정과 같다. 이것을 정규화 조건이 충족되도록 비례관계를 수정하면 다음과 같은 결과가 나온다.

사후분포 근원사상 'θ&40'의 분포를 정규화 조건을 충족하도록 비례관계를 조정하면, '40℃라는 정보하에서 각 θ의 사후분포'를 구할 수 있다. 이 사후분포는 **θ에 대한 정규분포**가 된다. 그리고 이 정규분포의 평균(분포의 기대치)은 다음의 계산을 통해 구할 수 있다.

$$\theta \text{의 사후분포의 기대치} = \frac{\dfrac{1}{3^2} \times 42 + \dfrac{1}{2^2} \times 40}{\dfrac{1}{3^2} + \dfrac{1}{2^2}} = \text{약 } 40.6$$

이 계산의 의미는 21-5절에서 확인해 보자.

21-4 사후분포는 무엇을 의미하는가

계산 방법을 설명하기 전에 이 베이즈 갱신에 대한 해석을 먼저 기술해 두기로 한다. 욕조물의 온도가 사전에는 평균 42℃, 표준편차 3인 정규분포를 따른다고 생각했다. 따라서 하나의 수치로 대표할 값이 기대치(= 평균치) 42℃라고 판단했다. 그런데 정밀도가 낮은 온도계로 계측을 하니 40℃가 된 사실로부터 이 정보를 이용해 θ에 대한 사후분포를 얻을 수 있다. 그것이 도표 21-1의 오른쪽 정규분포다. 이 확률분포의 기대치는 산의 정상이 되는 위치(꼭대기 지점), 즉 정규분포의 평균이므로 40.6℃다. 이것이 정보하에서 욕조물의 온도의 추정치가 된다.

이상의 베이즈 추정은 다음과 같이 그림으로 풀이할 수 있다(**도표 21-2**).

도표 21-2 온도계의 계측 결과로부터 정보를 개정한다

즉, 맨 처음은 42℃라는 선입견(예상)을 가지고 있었지만, 온도계에 따른 계측 결과 40℃를 참고하여 개정이 이루어졌다. 개정치는 본래의

42℃보다는 40℃쪽으로 쏠려 있지만 40℃ 그 자체가 되지는 않는다. 왜냐하면 온도계의 계측에도 오차 · 흔들림(표준편차)가 존재하며 그만큼 신용할 수 없기 때문이다. 그래서 측정치인 40℃까지는 개정되지 않고 40.6℃에 그친 것이다.

그렇다면, 42℃와 40℃의 정 가운데인 41℃보다 40℃에 더 가깝게 개정된 이유는 무엇일까? 그것은 사전분포의 오차 · 흔들림을 나타내는 표준편차가 3이며 온도계에 따른 계측의 오차 · 흔들림을 나타내는 표준편차가 2로, 후자의 값이 작다는 점에 근거한다. **오차 · 흔들림이 상대적으로 작은 온도계 쪽이 사전분포보다도 추정에 큰 영향을 미친다**는 뜻이다. 이는 자연스런 현상이다.

21-5 정규분포에 의한 베이즈 추정의 공식

그럼 21-3절에서 다룬 정규분포를 공액사전분포로 하여 실시한 추정의 계산을 일반적인 말로 설명해 보자.

정규분포에 따른 베이즈 추정 공식

추정하려는 θ에 대한 사전분포를 평균 μ_0, 표준편차 σ_0인 정규분포로 설정하고 관측하는 정보 x가 평균 θ, 표준편차 σ의 정규분포를 따른다고 하자. 단 μ_0, σ_0, σ는 구체적인 값을 알고 있다. 즉 정보 x에 대해 조건부 확률밀도 $p(x \mid \theta)$는 평균 θ, 표준편차 σ인 정규분포라고 한다.

(i) 정보를 1회만 관측한 경우의 공식

관측된 값을 x라 하면,

(x의 관측하에서 θ의 사후분포) $p(\theta \mid x)$는 θ에 대한 정규분포가 된다.

정규분포 $p(\theta \mid x)$의 평균(기대치)은 $\dfrac{\dfrac{1}{\sigma_0^2} \times \mu_0 + \dfrac{1}{\sigma^2} \times x}{\dfrac{1}{\sigma_0^2} + \dfrac{1}{\sigma^2}}$

(ii) 정보를 n회 관측한 경우의 공식

관측된 n개의 값의 평균치((관측치의 합계)÷n)를 라고 하면,
($\bar{x}$의 관측하에서 θ의 사후분포) $p(\theta \mid \bar{x})$는 θ에 관한 정규분포가 된다.

정규분포 $p(\theta \mid \bar{x})$의 평균(기대치)은 $\dfrac{\dfrac{1}{\sigma_0^2} \times \mu_0 + \dfrac{n}{\sigma^2} \times \bar{x}}{\dfrac{1}{\sigma_0^2} + \dfrac{n}{\sigma^2}}$

이쯤 되면 말로 쓰는 것이 도리어 번거롭게 느껴지지만 일단 써보기로 하자.

먼저 **표준편차의 제곱은 '분산'이라 불리는 양**임을 제시해 둔다. 분산은 표준 통계학에서도 중요한 통계량이다.

사후분포는 정규분포로 그 평균은 다음과 같이 계산된다.

관측치가 한 개인 경우는 다음 식에 따라 계산한다.

(사전분포의 평균)÷(사전분포의 분산) + (관측치)÷(정보 x의 분산)

그 값을

(사전분포의 분산의 역수) + (정보 x의 분산의 역수)

로 나누는 것이다. 21-3절에서의 계산을 재현하면 다음과 같다.

$$(사전분포의\ 평균) \div (사전분포의\ 분산) = 42 \div 3^2 = \frac{1}{3^2} \times 42$$

$$(관측치) \div (정보\ x의\ 분산) = 40 \div 2^2 = \frac{1}{2^2} \times 40$$

$$(사전분포의\ 분산)의\ 역수 = \frac{1}{3^2}$$

$$(정보\ x의\ 분산)의\ 역수 = \frac{1}{2^2}$$

이 계산을 살펴보면, 분산이 큰 쪽이 나눗셈 한 결과가 작아지므로 **분산이 작은 쪽의 수치가 개정치에 큰 영향을 준다**는 사실을 알 수 있다.

관측치가 복수(n개) 있는 경우는, 지금 한 계산에서 (관측치의 분산)이 있는 부분을 n배 해두면 될 뿐이다. 이 (ii)의 공식은 정규분포에서 n회 관측한 평균 $\bar{x}$의 표준편차가,

$$(원\ 표준편차) \div \sqrt{n}$$

로 구해진 것(266쪽)에서, n회 관측한 평균 $\bar{x}$의 분산에 대해서는 이것을 제곱하여,

$$(원\ 분산) \div n$$

이 되는 것이다.

21-6 온도를 2회 쟀을 때의 베이즈 추정

마지막으로 욕조물 데우기 추정에서 2회 계측했다면, 어떻게 추정할 수 있는지를 살펴보자. 전 절 (ii)의 공식을 이용한다. 21−2절의 문

제를 다음과 같이 바꾸어 보자.

욕조물을 적정 온도 42℃로 데우려고 한다. 데워졌을 것이라 판단되어 온도계로 온도를 쟀다. 단 사용한 온도계는 정밀도가 낮으며 계측된 온도 x는 실제 온도 θ 가 평균, 표준편차가 2℃인 정규분포를 따르는 확률분포다. 지금 온도계가 가리키는 온도는 첫 번째가 40℃, 두 번째가 41℃였다. 실제 온도는 몇 도일까?

이 경우, 두 번의 측정치의 평균은,

$$\bar{x} = \frac{40 + 41}{2} = 40.5$$

가 된다. 따라서 전 절의 공식(ii)를 적용하여(n = 2에 주의한다) 정규분포 $p(\theta \mid \bar{x} = 40.5)$의 평균(기대치)은 다음과 같이 계산된다.

$$\frac{\dfrac{1}{\sigma_0^2} \times \mu_0 + \dfrac{2}{\sigma^2} \times x}{\dfrac{1}{\sigma_0^2} + \dfrac{1}{\sigma^2}} = \frac{\dfrac{1}{9} \times 42 + \dfrac{2}{4} \times 40.5}{\dfrac{1}{9} + \dfrac{2}{4}} = 약 \ 40.77$$

이것이 2회 계측한 결과를 반영한 개정치다.

　이상으로 정규분포를 사용한 베이즈 추정은 끝이다. 독자여러분은 마침내 이와 같은 복잡하면서도 범용성 있는 베이즈 추정에 도달하게 되었다. 이것은 베이즈 추정에 하나의 정상이다. 여러분은 어느 틈엔가 정상에 도착한 것이다.
　산의 정상에서 내려다보는 기분이 어떤가?

① 타입이 θ이고, 정보가 x인 베이즈 추정에서 정보 x의 확률분포 $p(x \mid \theta)$ 가, θ를 평균으로 하는 정규분포인 경우 θ의 공액사전분포로서 정규분 포를 설정한다.

② ①의 경우, 사후분포 $p(x \mid \theta)$도 정규분포가 된다.

③ θ의 사전분포를 평균 μ_0, 표준편차 σ_0의 정규분포로 설정하고, 관측하는 정보 x가 평균 θ, 표준편차 σ인 정규분포를 따른다고 하자. 단 μ_0, σ_0, σ 는 구체적으로 알고 있다고 치자. 이때 관측된 값 x하에서 θ의 사후분포 는 정규분포이며, 그 평균은,

$$\frac{\dfrac{1}{\sigma_0^2} \times \mu_0 + \dfrac{1}{\sigma^2} \times x}{\dfrac{1}{\sigma_0^2} + \dfrac{1}{\sigma^2}}$$

④ 복수 관측할 경우는, 관측된 n개의 값의 평균치((관측치의 합계)÷n) 를 $\bar{x}$라 하면, 관측된 $\bar{x}$하에서 θ의 사후분포는 정규분포이며 그 평균은,

$$\frac{\dfrac{1}{\sigma_0^2} \times \mu_0 + \dfrac{n}{\sigma^2} \times \bar{x}}{\dfrac{1}{\sigma_0^2} + \dfrac{n}{\sigma^2}}$$

　　남성 A씨는 혈압 측정 시 긴장을 하는 등의 이유로 실제 혈압보다 높아지거나 낮아진다. 이 분포는 실제 혈압 μ를 평균으로 하고, 표준편차가 10인 정규분포를 따른다. 사전분포는 A씨와 연령이 동일한 남성의 최고 혈압이 따르는 정규분포, 즉 평균 130, 표준편차 20인 정규분포로 해두자.

(1) 1회 측정해 보니 140이었다. 이때 A씨의 실제 혈압에 대한 사후분포의 평균은,

$$\frac{\dfrac{1}{(\ \ )^2} \times (\ \ ) + \dfrac{1}{(\ \ )^2} \times (\ \ )}{\dfrac{1}{(\ \ )^2} + \dfrac{1}{(\ \ )^2}} = (\qquad)$$

로 계산된다.

(2) 2회 측정한 평균이 140이었다. 이때 A씨의 실제 혈압에 대한 사후분포의 평균은,

$$\frac{\dfrac{1}{(\ \ )^2} \times (\ \ ) + \dfrac{2}{(\ \ )^2} \times (\ \ )}{\dfrac{1}{(\ \ )^2} + \dfrac{2}{(\ \ )^2}} = (\qquad)$$

로 계산된다.

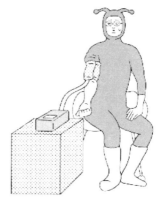

　제17강에서 해설한 베타분포에 대해서 조금 더 자세히 알아보자. 단여기서는 고등학교 3학년 수준의 수학 지식을 전제로 한다.

　베타분포란,

$$f(x) = (정수) \times x^{\alpha-1}(1-x)^{\beta-1}$$

이라는 확률분포를 가지는 것이다. 이때 식 중에 있는 (정수)는 정규화 조건을 충족하는 수치로서 설정된다. 즉 $0 \leq x \leq 1$의 모든 x에 대한 확률밀도 $f(x)$의 합계가 1이 되도록 설정되는 것이다. 그것은 적분을 사용하여,

$$1 = (정수)\int_0^1 x^{\alpha-1}(1-x)^{\beta-1}dx$$

로 쓸 수 있다. 이때 $\beta = 1$인 경우는,

$$\int_0^1 x^{\alpha-1}dx = [\frac{1}{\alpha}x^{\alpha}]_0^1 = \frac{1}{\alpha} \quad \cdots\cdots(1)$$

로부터, (정수) = α로 정해진다. 마찬가지로 $\alpha = 1$의 경우는,

$$\int_0^1 (x-1)^{\beta-1}dx = [-\frac{1}{\beta}(1-x)^{\beta}]_0^1 = \frac{1}{\beta} \quad \cdots\cdots(2)$$

로부터, (정수) = β로 정해진다. 일반적인 $\beta \geq 2$인 경우는 부분적분을

사용하여,

$$\int_0^1 x^{\alpha-1}(1-x)^{\beta-1}dx = \left[\frac{1}{\alpha}x^\alpha(1-x)^{\beta-1}\right]_0^1$$

$$+ \int_0^1 \frac{1}{\alpha}x^\alpha(\beta-1)(1-x)^{\beta-2}dx$$

$$= \frac{\beta-1}{\alpha}\int_0^1 x^\alpha(1-x)^{\beta-2}dx \qquad \cdots\cdots(3)$$

로 변형된다. 이와 같이 $(1-x)$의 지수를 순차적으로 떨어뜨려 나가면, 언젠가 (1)로 귀착된다. 또 베타분포의 기대치에 대해서는,

$$기대치 = \int_0^1 xf(x)dx = (정수) \times \int_0^1 x^\alpha(1-x)^{\beta-1}dx$$

가 되므로 이것도 상기의 (3)으로 귀착시킬 수 있다.

마치며
베이즈통계야말로
21세기 가장 흥미로운 과학이다

　필자는 현재 베이지안 의사결정이론이라 불리는 분야를 연구하고 있다. 베이지안은 베이지안파를 말한다. 주관확률을 주축으로 삼는 인간 행동을 설명하고자 하는 학문 유파를 가리킨다. 그러한 의미에서 베이즈통계의 해설에 관한 집필은 나 자신의 연구 분야를 세상에 널리 알리는 것으로 연결되기에 지금까지 해온 것 이상으로 힘을 쏟았다.

　필자가 처음부터 이 분야를 지향한 것은 아니다. 학부 때는 순수수학을 공부했고, 확률 · 통계와는 무연했다. 사회인이 되고 나서 경제학에 흥미를 가지고 30대 후반에 도쿄대 경제학부 대학원에 입학했다. 당시는 케인즈 경제학을 공부하고 싶었다. 그러다가 대학원에서 지인과 재회했다. 옛날 학원에서 가르쳤던 중학생이 대학생이 되어 같은 연구과에 진학한 것이다. 그 제자가 '선생님은 왜 경제학과에 오셨어요?' 하고 묻길래 매크로 경제에서 케인즈적 '기대'의 사고법을 공부하고 싶어서라고 대답했다. 그러자 제자가 '베이즈 같은 것 말입니까?'하고 반문했다. 필자는 그때 '베이즈'라는 단어를 처음 들었다. 신경이 쓰여 실라버스를 찾아보니 통계학자인 마쓰바라 노조무 선생님이 베이즈통계의 강의를 맡고 계셔서 호기심에 복수 등록을 했다. 그것이 운명을 크게 좌우한 선택이 되리라고는 전혀 예상하지 못했다.

마쓰바라 선생님의 수업 시간에는 1년간 거의 일대일 지도를 받았다. 이런 사치스러운 경험이 따로 없었다. 교재는 마쓰바라 선생님의 《입문 베이즈통계》 원본을 사용했다. 강의는 실로 놀라움의 연속이었고, 필자는 베이즈통계의 재미에 눈을 뜨게 되었다.

도쿄대의 통계학 수업에는 마쓰바라 선생님 외에도 베이지안에 관여하는 통계학자가 여러 분이 계셨다. 베이즈통계에 흥미를 품은 필자는 쿠보가와 다쓰야 선생님의 강의에서는 《The Bayesian Choice》를 가지고 본격적으로 베이즈통계를 공부했다. 그러나 그 시점에도 아직 베이지안 이론을 전문 분야로 할 생각은 없었다.

박사과정에 진학하여 박사논문의 테마를 찾아야 했다. 그때 마쓰이 아키히코 선생님의 게임이론 세미나에 참가했다. 그곳에서 게임이론의 기초가 되는 의사결정이론 문헌을 돌려 읽었다. 이 무렵부터 필자는 베이지안 이론에 본격적으로 흥미를 가지게 되었다. 경제사회의 이상적인 상태를 정하는 것은 결국 '사람이 미지의 미래를 어떻게 생각할 것인가'라는 점이다. 그리고 그러한 '인간의 추론'을 수리적으로 해석하는 것이 다름 아닌 의사결정이론이다. 필자는 마침내 베이지안 의사결정이론을 박사논문 테마로 정하게 되었다. 운명이란 기구한 것임을 실감했다.

주관확률을 사용한 베이즈 추정은 이 책에서 여러 번 이야기했듯이 전통적인 과학의 입장에서 보면 수상하고 믿음직스럽지 못한 구석을 가지고 있다. 긍정적으로 표현하면 사상적·철학적이라는 뜻이다. 그것은 '주관'이라는 것을 수리과학에서 다루는 것에서의 숙명이다. 그러나 '관찰된 결과'로부터 거슬러 올라가 '일어난 원인'을 탐색하려면 어찌됐건 일종의 '논리회로'가 필요하다. 중요한 것은, 그 '논리회로'가 일관된 방법론과 명확함을 갖추고 있는가, 그리고 그것이 테크놀로지로서 실천적이며 유효성이 있는가다. 베이즈 추정은 그 양방을 갖추고 있으며 그것이 수상쩍음을 뒤엎고도 남을 매력을 발산하고 있다. 베이즈 추정은 사상적이기 때문에 생명력이 있는 것이다.

객관확률(빈도론적 확률)은 20세기에 물리학을 필두로 하는 물질과학의 초석을 쌓았다. 그리고 주관확률과 베이지안 이론은 그야말로 이 21세기에 경제학을 필두로 하는 인간 과학의 초석을 쌓는 가장 흥미로운 분야가 될 것임은 의심할 여지가 없다. 이 책이 조금이라도 그것에 도움이 되었기를 소망한다.

전작 《세상에서 가장 쉬운 통계학 입문》을 간행한 직후 이 책의 기획에 들어갔다. 차기작으로서 필자가 몇 가지 후보를 꼽았는데, 그중에 선택한 소재는 베이즈통계였다. 그 직후 베이즈통계서의 간행이 붐이 되었음을 돌이켜 보면 출판에 대한 편집자의 혜안이 놀라울 뿐이다. 그렇지만 이 책이 간행되기까지는 예상외로 긴 시간이 필요했다. 그 이유는 필자 안에서 베이즈 추정이 가지는 논리비약에 대한 생각이 정리되지 않은 점, 그리고 어떠한 응용 사례를 실을까, 또 베타분포나 정규분포를 사용한 베이즈 추정을 어떻게 그림으로 풀이할까에 대한 아이디어를 정리하는 데 시간이 걸렸기 때문이다. 참고 기다려준 편집자에게 감사를 전한다. 유사 서적을 거의 찾기 힘든 베이지안의 본령이 발휘된 해설을 전개했다고 자부한다. 도해나 수식이 많아 조판에 어려움이 많았을 텐데, 우에무라 씨의 노고를 위로해 주고 싶다.

　마지막으로 이 책을 통해 베이즈 추정의 지식을 얻은 비즈니스 종사자가 후에 어떤 비즈니스 수법을 짜낼지, 또 이 책으로 베이지안 사상을 접한 학도들이 후에 어떤 과학을 새로이 만들어낼지 그 십수 년 후를 기대하며 마친다.

저자　고지마 히로유키

연습문제 해답

타입에 대한 사전확률에서, (가) = (0.4), (나) = (0.6) 이 되면,

정보에 대한 조건부 확률에서, (다) = (0.8), (라) = (0.2)

(마) = (0.1), (바) = (0.9)

분기된 네 가지 세계의 확률은, (사) = (0.4)×(0.8) = (0.32)

(아) = (0.4)×(0.2) = (0.08)

(자) = (0.6)×(0.1) = (0.06)

(차) = (0.6)×(0.9) = (0.54)

'말 걸기'가 관측된 두 세계에 정규화 조건을 복구하면

(사):(자) = (0.32):(0.06) = ($\frac{16}{19}$):($\frac{3}{19}$)

더해서 1이 된다

'말 걸기'가 관측된 이후 '쇼핑족'의 사후확률 = ($\frac{16}{19}$)

타입에 대한 사전확률에서, (가) = (0.7), (나) = (0.3)가 된다.

정보에 대한 조건부 확률에서, (다) = (0.8), (라) = (0.2)

(마) = (0.1), (바) = (0.9)

분기된 네 가지 세계의 확률은, (사) = (0.7)×(0.8) = (0.56)

(아) = (0.7)×(0.2) = (0.14)

(자) = (0.3)×(0.1) = (0.03)

(차) = (0.3)×(0.9) = (0.27)

'양성'이 관측된 두 세계의 확률을 정규화하면,

(사):(자) = (0.56):(0.03) = ($\frac{56}{59}$):($\frac{3}{59}$)

더해서 1이 된다

'양성'이 관측된 뒤 '인플루엔자'일 사후확률 = ($\frac{56}{59}$)

'음성이 관측된 두 세계의 확률을 정규화하면,

(아):(차) = (0.14):(0.27) = ($\frac{14}{41}$):($\frac{27}{41}$)

더해서 1이 된다

'음성'이 관측된 뒤 '인플루엔자가 아닐' 사후확률 = ($\frac{27}{41}$)

제 3 장

타입에 대한 사전확률에서,　(가) = (0.4), (나) = (0.6)가 된다.

정보에 대한 조건부 확률에서,　(다) = (0.4), (라) = (0.6)
　　　　　　　　　　　　　　(마) = (0.2), (바) = (0.8)

분기된 네 가지 세계의 확률은,　(사) = (0.4)×(0.4) = (0.16)
　　　　　　　　　　　　　　　(아) = (0.4)×(0.6) = (0.24)
　　　　　　　　　　　　　　　(자) = (0.6)×(0.2) = (0.12)
　　　　　　　　　　　　　　　(차) = (0.6)×(0.8) = (0.48)

'준다'이 관측된 두 세계의 확률을 더해서 1이 되도록 만들면,

(사):(자) = (0.16):(0.12) = ($\frac{4}{7}$):($\frac{3}{7}$)

더해서 1이 된다

'초콜릿을 주었다'는 정보하에 '진심'일 사후확률 = ($\frac{4}{7}$)

제 4 장

타입에 대한 사전확률에서,
(가) = (0.2), (나) = (0.6), (다) = (0.2)가 된다.

정보에 대한 조건부 확률에서,　(라) = 0.4　(마) = (0.6)
　　　　　　　　　　　　　　(바) = 0.5　(사) = (0.5)
　　　　　　　　　　　　　　(아) = 0.6　(자) = (0.6)

분기된 아홉 가지 세계 중 여아가 태어날 세계 각각의 확률은
　　　　　　　　　　　　　(차) = (0.2)×(0.4) = (0.08)
　　　　　　　　　　　　　(카) = (0.6)×(0.5) = (0.3)
　　　　　　　　　　　　　(타) = (0.2)×(0.6) = (0.12)

'여아가 태어난' 세 가지 세계의 확률을 정규화하면
(차):(카):(타) = (0.08):(0.3):(0.12)
　　　　　　 = (0.16):(0.6):(0.24)

더해서 1이 된다

(1) 덜렁대는 사람
(2) 진중한 사람, 덜렁대는 사람, 진중한 사람 (맨 앞의 두 개는 순서가 바뀌어도 관계없음)

(1) 유의수준 0.05보다 작은 확률임이 관측되었으므로 귀무가설은 기각되고 대립가설이 채택된다.
(2) 유의수준 0.01보다 작은 확률임이 관측되지 않았으므로 귀무가설은 기각되지 않는다.
(3) 단지 A에서 2회 연속으로 검은 공을 꺼낼 확률은 0.04×0.04 = 0.0016으로, 이는 유의수준 0.01보다 작은 확률임이 관측되었으므로 귀무가설은 기각되고 대립가설이 채택된다(확률의 승법법칙을 사용하고 있다. 이것은 제10강에서 해설한다).

타입에 대한 사전확률에서,　(가) = (0.5)　(나) = (0.5) 가 된다.
정보에 대한 조건부 확률에서,　(다) = (0.2)　(라) = (0.8)
　　　　　　　　　　　　　　(마) = (0.7)　(바) = (0.3)
분기된 네 가지 세계의 확률은,　(사) = (0.5)×(0.2) = (0.1)
　　　　　　　　　　　　　　(아) = (0.5)×(0.8) = (0.4)
　　　　　　　　　　　　　　(자) = (0.5)×(0.7) = (0.35)
　　　　　　　　　　　　　　(차) = (0.5)×(0.3) = (0.15)
'검은 공'이 관측된 두 세계의 확률에 대해 정규화 조건을 충족시키면

(사) : (자) = (0.1) : (0.35) = ($\frac{2}{9}$) : ($\frac{7}{9}$)

더해서 1이 된다

'검은 공'이 관측되었을 때 A일 확률 = ($\frac{2}{9}$)

'검은 공'이 관측되었을 때 B일 확률 = ($\frac{7}{9}$)

이상으로부터 단지는 (B)일 것이라고 결론짓는다.

가령 $p = 0.4$라고 하면
(침이 위로 향하는 횟수가 2회, 평탄한 면이 위로 향하는 횟수가 1회일 확률)

$$= 3 (\ \ 0.4\ \ )^2 \times (\ \ 0.6\ \ ) = (\ \ 0.288\ \ ) \quad \cdots\cdots \textbf{❶}$$

가령 $p = 0.7$이라고 하면

(침이 위로 향하는 횟수가 2회, 평탄한 면이 위로 향하는 횟수가 1회일 확률)
$$= 3 (\ \ 0.7\ \ )^2 \times (\ \ 0.3\ \ ) = (\ \ 0.441\ \ ) \quad \cdots\cdots \textbf{❷}$$

여기서 ❶과 ❷를 비교하면 (❷)쪽이 크므로 어느 쪽인지 물었을 때 최우원리에 의해
$p = ($ 0.7 $)$쪽이 그럴듯하다고 판단한다.

(A & B열기)의 확률 $= (\ \frac{1}{4}\ ) \times (\ \frac{1}{3}\ ) = (\ \frac{1}{12}\ )$

(C & B열기)의 확률 $= (\ \frac{1}{4}\ ) \times (\ \frac{1}{2}\ ) = (\ \frac{1}{8}\ )$

(D & B열기)의 확률 $= (\ \frac{1}{4}\ ) \times (\ \frac{1}{2}\ ) = (\ \frac{1}{8}\ )$

이들에게 정규화 조건을 충족시키면 정보 'B가 열렸다'는 사실 아래의 사후확률은,

(A에 자동차가 있을 사후확률) $= (\ \frac{1}{4}\ )$

(C에 자동차가 있을 사후확률) $= (\ \frac{3}{8}\ )$

(D에 자동차가 있을 사후확률) $= (\ \frac{3}{8}\ )$

따라서 당신은 커튼의 선택을 (바꾸는)편이 좋다.

(1) ($\frac{1}{6}$)×($\frac{1}{6}$) = ($\frac{1}{36}$)

(2) ($\frac{1}{2}$)×($\frac{1}{3}$) = ($\frac{1}{6}$)

(1) (암 & 검사1로 양성)일 확률

= (0.001)×(0.9) = (0.0009) ……(가)

(건강 & 검사1로 양성)일 확률

= (0.999)×(0.1) = (0.0999) ……(나)

상기의 (가)와 (나)의 비가 정규화 조건을 충족하게 되면

(가) : (나)

$$= \frac{(0.0009)}{(0.0009) + (0.0999)} : \frac{(0.0999)}{(0.0009) + (0.0999)}$$
= (0.0089) : (0.9911)

검사1에서 양성이었다는 전제 하의 암일 사후확률은

(암일 사후확률) = (0.009)

(2) (암 & 검사1로 양성 & 검사2로 양성)일 확률

= (0.001)×(0.9)×(0.7) = (0.00063) ……(다)

(건강 & 검사1로 양성 & 검사2로 양성)일 확률

= (0.999)×(0.1)×(0.2) = (0.01998) ……(라)

상기의 (다)와 (라)의 비가 정규화 조건을 충족하도록 하면

(다) : (라)

$$= \frac{(0.00063)}{(0.00063) + (0.01998)} : \frac{(0.01998)}{(0.00063) + (0.01998)}$$
= (0.03) : (0.97)

검사1과 검사2에서 모두 양성이 나왔을 때 암일 사후확률은

(암일 사후확률) = (0.03)

초콜릿을 받은 사실에 따른 개정

　(진심 & 준다)의 확률 = (0.5)×(0.4) = (0.2) ……(가)
　(논외 & 준다)의 확률 = (0.5)×(0.2) = (0.1) ……(나)

초콜릿을 받은 상황에서의 사후확률

　(진심일 확률):(논외일 확률) = (가):(나) = ($\frac{2}{3}$):($\frac{1}{3}$) ……(다)

(다)를 사전확률로 설정하고 나서, 메일을 빈번히 받은 경우의 개정

　(진심 & 빈번)의 확률 = ($\frac{2}{3}$)×(0.6) = (0.4) ……(라)

　(논외 & 빈번)의 확률 = ($\frac{1}{3}$)×(0.3) = (0.1) ……(마)

(다)를 사전확률로 설정하고, 메일이 빈번히 올 때의 사후확률

　(진심일 확률):(논외일 확률) = (라):(마) = (0.8):(0.2) ……(바)

사전확률을 반반으로 설정하여, 초콜릿도 받고 메일도 빈번히 받았다는 2가지 정보를 이용해 개정

　(진심 & 준다 & 빈번)일 확률 = (0.5)×(0.4)×(0.6) = (0.12) ……(사)
　(논외 & 준다 & 빈번)일 확률 = (0.5)×(0.2)×(0.3) = (0.03) ……(아)

초콜릿도 받고 메일도 빈번히 받았을 때의 사후확률

　(진심일 확률):(논외일 확률) = (사):(아) = (0.8):(0.2) ……(자)

이때 (바)와 (자)가 일치하는 것이 축차합리성이다.

　a' : b' = a×(0.9) : b×(0.2) = (9a):(2b)

정규화 조건을 충족하도록 하려면

　a' : b' = $\frac{(\ 9a \ )}{(\ 9a \ + \ 2b \ )}:\frac{(\ 2b \ )}{(\ 9a \ + \ 2b \ )}$

이 식으로부터 a'는 a보다 (커)지며, b'는 b보다 (작아)진다.

$p(\text{A or B}) = p(\;\text{A}\;) + p(\;\text{B}\;) - p(\;\text{C}\;)$

설명 : 그림의 직사각형을 두 개 병합한 도형의 면적은 직사각형 A와 B의 면적을 합계한 것이므로 중복되어 있는 직사각형 C의 면적을 뺀 값과 일치한다.

$p(암\,\&\,양성) = p(암)\times p(양성\mid 암)$ ⋯(가)
$p(암\,\&\,양성) = p(양성)\times p(암\mid 양성)$ ⋯(나)
$p(건강\,\&\,양성) = p(건강)\times p(양성\mid 건강)$ ⋯(다)
$p(건강\,\&\,양성) = p(양성)\times p(건강\mid 양성)$ ⋯(라)

이때 (가)와 (다)에서

$p(암\,\&\,양성) : p(건강\,\&\,양성)$
$= p(암)\times p(양성\mid 암) : p(건강)\times p(양성\mid 건강)$ ⋯(마)

(나)와 (라)에서

$p(암\,\&\,양성) : p(건강\,\&\,양성)$
$= p(암\mid 양성) : p(건강\mid 양성)$ ⋯(바)

(마)와 (바)에서

$p(암\mid 양성) : p(건강\mid 양성)$
$= p(암)\times p(양성\mid 암) : p(건강)\times p(양성\mid 건강)$

좌변은 사후확률의 비이고, 우변은 사전확률과 조건부 확률로부터 산출된 비다.

(1) $p(0.2 \leqq x < 0.7) = 0.7 - 0.2 = (\;0.5\;)$

(2) $p((0.1 \leqq x < 0.4)\ \text{or}\ (0.5 \leqq x < 0.9))$
     $= (0.4 - 0.1) + (0.9 - 0.5) = 0.3 + 0.4 = (\;0.7\;)$

(3) $p((0.3 \leqq x < 0.7)\ 와\ (0.4 \leqq x < 0.8)의\ 중첩)$
     $= p(0.4 \leqq x < 0.7) = 0.7 - 0.4 = (\;0.3\;)$

(1) $12 \times \dfrac{1}{2} \times \dfrac{1}{2} \times \dfrac{1}{2} = \dfrac{3}{2}$ (2) $12 \times \dfrac{1}{3} \times \dfrac{1}{3} \times \dfrac{2}{3} = \dfrac{8}{9}$ (3) $12 \times 1 \times 1 \times 0 = 0$

(1) $(10000) \times (0.01) + (5000) \times (0.03) + (100) \times (0.1) = (260)$

(2) $\alpha = 8$, $\beta = 4$의 배타분포, 그러므로 기대치는,

$$\frac{(\ 8 \ )}{(\ 8 \ ) + (\ 4 \ )} = (\ \tfrac{2}{3} \ )$$

사전분포를 균등분포로 한다. 즉,

$$y = (\ 1 \ )$$

로 설정한다.

이때 효과가 있을 확률밀도가 x하에서 특정한 순서로 4명에게 효과가 있고 6명에게 효과가 없다는 결과가 나올 확률은 x를 네 번 $(1 - x)$를 여섯 번 곱하면 얻을 수 있으므로,

$$y = x^{(4)}(1 - x)^{(6)}$$

이 된다. 따라서 정규화 조건에 의해 사후확률의 확률분포는 적당한 정수에 대해서,

$$y = (정수) \, x^{(4)}(1 - x)^{(6)}$$

가 된다. $\alpha = (\ 5 \ )$, $\beta = (\ 7 \ )$인 베타분포다. 이 베타분포의 평균치를 구하면,

$$(약이 \ 효과가 \ 있을 \ 확률) = \frac{(\ 5 \ )}{(\ 5 \ ) + (\ 7 \ )} = (\ \tfrac{5}{12} \ )$$

로 추정된다.

(1) 정규분포가 평균을 중심으로 하여 좌우 대칭이므로

$p(0 \leqq z \leqq 1) = p(-1 \leqq z \leqq 1) \div (\ 2\ ) = (\ 0.3413\ )$

(2) $p(5 \leqq x \leqq 8) = p(\dfrac{5 - (\ 5\ )}{(\ 3\ )} \leqq \dfrac{x - (\ 5\ )}{(\ 3\ )} \leqq \dfrac{8 - (\ 5\ )}{(\ 3\ )})$

$= p((\ 0\ ) \leqq z \leqq (\ 1\ ))$

따라서 (1)의 결과를 사용하여 (0.3413)가 된다.

(3) $\mu = 5$, $\sigma = 3$인 정규분포에 따라 관측되는 수치를 16회 관측하여 나온 수치의 평균치를 $\bar{x}$라고 한다. 이때 $\bar{x}$는 평균 (5), 표준편차 ($\dfrac{3}{4}$)인 정규분포에 따른다.

(1) $\dfrac{\dfrac{1}{(\ 20\ )^2} \times (\ 130\ ) + \dfrac{1}{(\ 10\ )^2} \times (\ 140\ )}{\dfrac{1}{(\ 20\ )^2} + \dfrac{1}{(\ 10\ )^2}} = (\ 138\ )$

(2) $\dfrac{\dfrac{1}{(\ 20\ )^2} \times (\ 130\ ) + \dfrac{2}{(\ 10\ )^2} \times (\ 140\ )}{\dfrac{1}{(\ 20\ )^2} + \dfrac{2}{(\ 10\ )^2}} = (\ 138.9\ )$

세상에서 가장 쉬운

베이즈통계학 입문

1판1쇄 2017년 3월 31일
1판5쇄 2020년 9월 29일

지은이 고지마 히로유키
옮긴이 장은정
발행인 최봉규
발행처 지상사(청홍)
출판등록 2002년 8월 23일 제2017-000075호

주소 서울 용산구 효창원로64길 6(효창동) 일진빌딩 2층
우편번호 04317
전화번호 02)3453-6111 **팩시밀리** 02)3452-1440
홈페이지 www.jisangsa.co.kr
이메일 jhj-9020@hanmail.net

이 도서의 국립중앙도서관 출판시도서목록(CIP) e-CIP홈페이지(http://www.nl.go.kr/ecip)와
국가자료공동목록시스템(http://www.nl.go.kr/kolisnet)에서 이용하실 수 있습니다.
(CIP제어번호: CIP2017004451)